THE  TIMES

FIENDISH
Su Doku 12
Book

THE ✦ TIMES

FIENDISH
Su Doku ^{Book} 12

HarperCollins Publishers
103 Westerhill Road
Bishopbriggs
Glasgow
Scotland, G64 2QT

www.harpercollins.co.uk

HarperCollins*Publishers*
Macken House, 39/40 Mayor Street Upper
Dublin 1, D01 C9W8, Ireland

14

ISBN   978-0-00-828546-3

Layout by Puzzler Media

If you would like to comment on any aspect of this book, please contact us at the
above address or online.
E-mail: puzzles@harpercollins.co.uk

Printed and Bound in the UK using 100% Renewable Electricity at CPI Group (UK) Ltd

MIX
Paper | Supporting
responsible forestry
FSC™ C007454

This book contains FSC™ certified paper and other controlled
sources to ensure responsible forest management.

For more information visit: www.harpercollins.co.uk/green

Contents

Introduction

Welcome to the twelfth edition of *The Times Fiendish Su Doku*. This is
the premiership level of Su Doku, because Fiendish puzzles are the ones
used in *The Times* National Su Doku Championship and World Su Doku
Championship. You can find harder puzzles, and some Super Fiendish are
included at the end of this book to whet your appetite, but Fiendish are the
hardest that can be solved in a reasonable time without any element of luck.

This introduction assumes that you are already experienced with
the techniques required to solve Difficult puzzles. When you apply
these techniques to a Fiendish puzzle, you will find that at some point
you get stuck. A big difference is that you need to be very thorough
with a Fiendish puzzle because, whereas with Difficult puzzles there
are multiple paths to the end, Fiendish puzzles only have one path,
so you must ensure you do not miss it. In particular, you need to
systematically check each row and column, identifying which digits are
missing, and then if:

    a) any of the empty cells can only have one of the missing digits
       in it, or

    b) any of the missing digits can only go in one of the cells.

If you are a beginner you can do this by filling in the possible digits
in each cell by hand, but to be fast you need to be able to visualise them
in your head. Having made the checks, however, you are still likely to
get stuck at some point with a Fiendish puzzle, and you will need to use
a more sophisticated technique to progress. What follows are the most
useful techniques that will enable you to break through to the path to
the finish.

Inside Out

	A	B	C	D	E	F	G	H	I
1						2	3		
2					4			7	
3	6			1					9
4	5								1
5	9	4			8	1		3	
6	3		1				2		
7		3	6	5	1	8			
8		5	8		9				
9				7	2	6	5	38	38

Fig. 1

Most Fiendish puzzles require this technique at some stage, so it is a very important one. Some even require it to get started. In Fig. 1, for example, row 9 is missing 3 and 8, but these are included elsewhere *inside* the bottom left region (B7 and C8), so they cannot be in A9, B9 or C9. They must therefore be in the empty cells in row 9 that are *outside* the bottom left region, i.e. H9 and I9. Since column H already contains a 3, H9 must be 8 and I9 must therefore be 3.

Scanning for Asymmetry

Fig. 2 overleaf illustrates probably the most common sticking point of all. By scanning the 8s vertically it can be seen that the 8 in the top left region can only be in row 1 or row 2 (A1 or A2) and, likewise, the 8 in the top centre region can only be in the same two rows (D1 or D2). Therefore, as there must be an 8 in row 3 somewhere, it has to be in the top right region. The only cell in the region that can have an 8 in row 3 is G3 (because column H already has an 8 in it), so G3 is resolved as an 8.

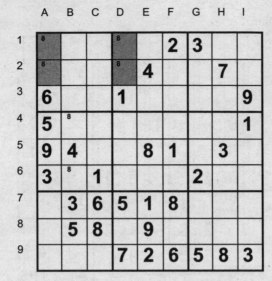

	A	B	C	D	E	F	G	H	I
1	8			8		2	3		
2	8			8	4			7	
3	6			1					9
4	5	8							1
5	9	4			8	1		3	
6	3	8	1				2		
7		3	6	5	1	8			
8		5	8		9				
9				7	2	6	5	8	3

Fig. 2

Filling In Identical Pairs

One thing that top players always do is to fill in identical pairs, as shown in Fig. 3:

- E6/F6 can be identified as the pair 5_7, either by scanning for asymmetry in the 7s across the middle regions (and scanning the 5s), or by filling in row 6 (they are the only cells that can contain 5 and the only cells that can contain 7).
- A7/A8 are the pair 2_7 from scanning 2 and 7 along row 9.
- C4/C5 are also 2_7 because they are the only digits remaining in the region. Likewise with the pair 3_4 in D8/F8.

The great benefit of filling in each pair is that it is almost as good as resolving the cells from the point of view of opening up further moves. In this case, the fact that D8 or F8 is a 4 means that G8 can only be 1 or 6 (note that it cannot be 7 because column G already has a 7 in either G4 or G5); therefore G2/G8 are another identical pair of 1_6. It is now easy to resolve: G5=7 (because it is the only digit that is possible) -> C5=2 -> C4=7 -> D4=2 -> D5=6 -> H4=6.

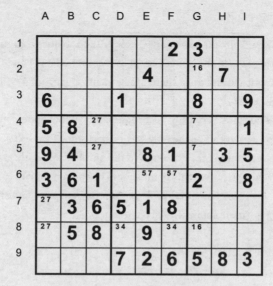

Fig. 3

Fig. 4

Cross

In Fig. 4, Row 5 already has 4 and 9 resolved, and so does column E. Where they cross, in the centre region, two empty cells (F4 and D6) are left untouched and must therefore be identical pairs of 4_9. This resolves E4 as 3.

This is not such a common technique, and will not appear in every puzzle; however, it can be the only way to start some Fiendish puzzles and can be crucial to break through to the finish of some others.

The techniques up to this point should be enough for you to solve every Fiendish puzzle. The example is, however, a Super Fiendish and requires some more sophisticated techniques.

Impossible Rectangle

	A	B	C	D	E	F	G	H	I
1				89	6	2	3		
2				389	4	359	16	7	
3	6			1	57	357	8		9
4	5	8	7	2	3	49	49	6	1
5	9	4	2	6	8	1	7	3	5
6	3	6	1	49	57	57	2	49	8
7	27	3	6	5	1	8	49		
8	27	5	8	34	9	34	16		
9				7	2	6	5	8	3

Fig. 5

In Fig. 5 the central columns have now been filled in, revealing what is probably the most useful of the techniques for Super Fiendish Su Doku. The four cells E3/F3/E6/F6 make the corners of a rectangle. If each corner contained the same pair 5_7, then there would be two possible solutions to the rectangle – 5/7/7/5 and 7/5/5/7. If there were two possible solutions to the rectangle, then there would be two possible solutions to the puzzle, but we know that the puzzle will have only one solution, so a rectangle with the same pair in each corner is impossible. The only way to avoid an impossible rectangle is for F3 to be 3; hence this is the only possible solution. The final breakthrough has now been made and this puzzle is easily finished.

Trial Path (Bifurcation)

Finally, we come to the 'elephant in the room'. It is not necessary to use this technique to solve Fiendish puzzles – they can always be solved more quickly without it, but it does always work, so it is very useful as a last resort or when you are new to Fiendish puzzles. Furthermore, it always works for Super Fiendish puzzles and is the fastest way to solve them. It is, however, highly controversial because some people refuse to use it on the basis that it is guessing. This is not true because, if applied systematically, it is logically watertight; it is just inductive rather than deductive, i.e. trial and error. It is also one of the fundamental

	A	B	C	D	E	F	G	H	I
1				8 9	6	2	3		
2				3 8 9	4	3 5 9	1 6	7	
3	6			1	5 7	3 5 7	8		9
4	5	8	7	2	3	4 9	4 9	6	1
5	9	4	2	6	8	1	7	3	5
6	3	6	1	4 9	5 7	5 7	2	4 9	8
7	2 7	3	6	5	1	8	4 9		
8	2 7	5	8	3 4	9	3 4	1 6		
9				7	2	6	5	8	3

Fig. 6

techniques used by the computer programs that generate the puzzles. As an example, let's go back to the point where we used the impossible rectangle in Fig. 6.

The idea of trial path is to choose a cell that only has two possibilities, and try one of them. If it works and solves the puzzle, then job done. If it fails, i.e. if you end up with a clash, then the other digit must have been the correct one, and you need to retrace your steps and enter the correct one instead. In Fig. 6, for example, cell E3 can only be 5 or 7, so if you try 5 first and it leads to a clash, you know it must be 7. The difficulty with this technique is that you can easily sink into a quicksand of confusion. To do it in a clear, systematic way I recommend:

- Getting as far as possible before taking a trial path. This is because you don't want to try a digit and end up in a dead end, not knowing if it is the correct digit or not. The further you get through the puzzle before you take a trial path the less likely this is to happen.
- Before you start solving along the trial path, marking every cell that you know is correct in ink, and then doing the trial path in pencil. This way you can get back to where you were by erasing everything in pencil.
- Picking a pair that will open up more than one path. In this example, E3 is an identical pair with E6, which is also an identical pair with F6, so two paths will actually be started, one from E3 and one from F6. The more paths you can start, the less likely you are to end up in a dead end.

The techniques that have been described here will be enough to enable you to solve every puzzle in this book. With practice you will also be able to do each in a fast time. Good luck, and have fun.

Mike Colloby
Secretary, UK Puzzle Association
secretary@ukpuzzles.org

Fiendish

		7					4	5
	5	4		6	2		3	8
				4	6			
		5	2			4		7
		6	7					1
				7			5	
	2	1				3		
	4	8		2	3			

8				5				7
	6	7				9	5	
	4	9				5	1	
				8				
	7		6		1		2	
	1						9	
			3		9			
	3	2	1		6	8	4	

3

							7	8
			3		9	1		
				4		2	3	
	3				6		4	2
		1			4			
	9		5	3		6		
	6	5			7			
8		7	4					
4			9					

		2						3
					7	4	8	
1			9				5	2
		1	5	9			6	
			1					
	6					7	1	
	3			5				
	4	9	6		8		2	
2		6						

	4			3				
					9	6		1
5							8	
3		6		5			4	8
1		7		2			6	9
8							9	
					2	7		6
	2			4				

	4						6	
	7	8				5	4	
		4		9		2		
	3		8		4		5	
	2		3		6		1	
3				4				5
2								4
		6	9	3	1	7		

						3		
	1						9	
		3				2		5
			9	1				
1		7		5	6			
	5	8			4			
	2	4	8	9		5		
		5	1				6	
8				4				

							8	
	6					1	2	7
		5			1		4	
5		6		1		3		
	4		2	6	7			
7		9		5				
		1	8		5	7		
				7			6	
			6		9			

			6		1			
6		1		5		3		9
		3	8		5	1		
1								2
2		5				4		3
		9	5	3	2	8		
	6	7				2	4	

					1	9		
5							6	
		2	8				5	3
	7		1	5		6		
6				4				
	4		3	9		5		
		4	2				9	8
8							2	
					9	1		

	9					3		
			6					
5	7	8						2
7	1		2	5				
		3	4		6			
				9	7		2	
8				1		7		
					9	2		8
		7			4	9		

			7			3	2	8
				8	3	1		
	6		1					
		5			2		3	
		1		4			6	5
	3	7					4	
	5			1	8	6		2
	2				7		1	

		7	1		2	6		
	2		5		3		8	
3		5		9		1		7
		9				3		
	8						5	
	5		7		6		2	
	3						9	
	7						1	

			8			2		
							1	8
	8		1		4		7	
		1			6		8	4
9		2					6	
		5			9		3	2
	1		6		2		9	
							4	3
			7			5		

							3	
	5	6	3					1
7			6		2			
	4			9		7		
		1			5			
		9				5	4	
			2	7			8	
8					3		6	
3	2					1		

2					3	4		1
	1	7	9					
4				2	6		5	8
				1		2		
8				7	5		9	3
	4	6	5					
3					4	5		6

								9
	2			1		3		
	3				7		1	
		6	3			8		
	4			2			7	
		2	6		9			
	9		5		4			
1		7		9		5	8	
	8							

					5	8		4
			9	2		7	3	
		1						
		4		2	3			
	2			4			1	8
	5	9		1				7
		2			3			6
	6				9	1	2	

	5				3			
	1			9		5		
4			5				1	
8	3			7				9
	2	4			6		5	
					6			
				6				
6				5	7		3	4
3	8				9	1		

9			5	7			8	
1	2	7	8					9
5				1		9		6
			2					
3				4		7		2
6	8	1	3					5
2			1	8			9	

				8			9	6
		9	2	7			1	
		5		3		7	6	2
	4	1	6				3	
								1
			8				7	
	6	3	7	1		9		
	2		3		5			

								9
				1	6		5	
			5	8				7
		2				3		4
	6	5			3			
	1			2				
			7				1	
	2					7	8	
9		1	6					5

	8					1		
7						5		2
		5	9	7			3	
		9			8			
		8			6		1	3
			3	9			5	8
2	6							
		3		1	7			
	1			4	9			

						6		
	5		2				8	
7	4		5		3			
		4		2		3	6	
		7			1			
		5		4		9	7	
1	2		4		7			
	8		3				4	
						5		

						8		
6		3			5			
			9	3				2
7		1		9			8	
	2				6	3		
	8					9		
3	7				9		4	
		2	7	6				
		5			4		7	

						7		9
			7	5	9	2	4	
		6			2	8	7	
		2		8		6		
		3	6		1			
	2	5	9	4		3		
		9	5					8
	6						2	

							2	
			9	2				3
				3	4	7		9
	6					8		
	4	9			2	3		
		7		1				6
		2	4	9		6		
5								4
	7	3			5		9	

				5				
	2				7		5	9
		6			2	3		
7			2	6	8			4
2								
5				1	3	7		2
		8			4	1		
	1				5		7	8
				7				

		4						
		1				5	4	
6			7	5				3
	4		5			3		8
			6	9			7	
	8		4			9		6
3			1	6				5
		7				6	3	
		5						

	8			1				
1							8	4
9		4		2			1	
		6		7	2			9
								1
		1		6	3			5
6		9		4			3	
2							9	8
	1			5				

	5		8			1		
				1				6
	4	6					9	
4			2	7	1	6		
6			5	8	4	3		
	3	9					2	
				2				7
	1		3			5		

			7	6			5	1
						2	6	7
	3				7			
	7			1		3	9	
			8		2	5		4
		2		5	6			
	4	9		7			3	
	1	3			4			

5		1		3				
	6	7		4	1			
8	2							
6							3	
	3						7	6
			6					
1							5	4
				8		3	2	
		8			9	1		7

		3						
						5	4	
		7	2	6	9		1	
5		9	3					2
7					2			
2		1	5					9
		2	6	7	5		3	
						1	7	
		8						

9								
		2			6		8	9
	3		8		9		1	
				7		4		1
		1			4		6	
				1		3		7
	6		4		1		9	
		3			2		7	6
5								

			9		5		4	
	2	6		1	8			5
7	5			9			2	
								9
1	6			7			3	
	7	5		2	4			6
			3		9		8	

			8				7	
1								6
6	3	7	5					
		5	2	8				
	4	6			5			
					1	2		4
	9			5	7	1		
		1		2		3		
						9	6	

							6	
	9	1					3	
5	7		8	1				4
			1	8	3			
2				9				7
			2	7	5			
7	3		4	6				2
	8	6					7	
							1	

		1				4		
	3		4		8		1	
1	5						3	8
4								6
	8	3		9		7	2	
			2		1			
	1		3		9		8	
	2		5		7		9	

			5		8	2		
		5						6
	3	7		4				8
	2	8		6				
						5		7
	5	1		8				
	4	2		7				5
		3						2
			9		2	1		

	8				1	3		
		7	6					
		9			8	5		2
			1		7	2		8
			8					
2				4	9		7	
8						9	4	
7								5
6	9	2	5					

	5	1				6	3	
			1	2	3			
1			9		5			8
		8		6		1		
4								7
9	7						1	5
	8	6	4		1	2	7	

43

	9		3			6	4	
				9	7	1		
		4	2		9		1	7
3			5					
		5	4		6		8	2
				1	3	7		
	3		9			4	5	

			4					3
				5	3		2	8
						9		
1					6			
	2					3	9	7
	5		2				1	6
		3		1		7		
	1			8	9			
6	8			7	2			

		1		9	2		7	
	8		7			9	3	1
9								2
			6	3	8	4	9	
4								6
	5		1			8	6	3
		6		5	9		4	

5								
	2	6	1				8	
			7		5			
		3				2		
	7		2					
2			9	5		3	7	
9					1		6	
7	4			6			3	
	1	8	5					4

					7			
4			3					6
		3		4			9	
	2			7	6	1		
6								9
	8			3	5	6		
		5		9			1	
3			1					4
					2			

	1						6	
			2	9	8			
		2				4		
	5	1				9	2	
2			8		5			3
	7						1	
		5		1		3		
	9		6	4	2		8	

					4		9	5
		2						7
	4					2	8	
				8				
						6	1	2
5			9				4	
		9		3				6
3		8		1	5			
7	5			9		1		

				3	9	6		
								9
				6	4		3	
			1				7	4
1		4						8
7		5						
6							4	
		9	8			2		6
	3		4	7			8	

		5						4
					3	7		
9			8	4			3	
	4		3				5	
5	2		4			6		
				7	9	4		
1								9
	6			3	7			
		2		5		3		

			4	3		2		
					5			
5	8							3
		7	9				1	
								8
1			2		6			9
7	9				1			
	5	6				3		
		8	7			4		

				8				
9					2			
	7	5	6			4		
							4	
2		7						3
1	3	9				8		
			3	9		6		
6	1		4			7		
	9		7	5			1	

			9		2			
7		4		8		3		2
	9						5	
		2	6		7	8		
	1		2		9		3	
	4						2	
		5				9		
9	2		3		1		6	5

					6	9		
		2		8			6	
6			5	9				
		7		2			3	
1	4	5					8	
		6		1			9	
3			1	7				
		8		5			7	
					4	6		

						4	2	
4				7			1	8
		8	2					5
		2	4					
3	9						8	
		1			3	6		
2			6		9	3		
				3				
		6		8			7	

						6		
2						9		
		3			1		7	4
4	3		5	6		7		
		1			8			
		6	4		9			
			9	3		4		
	4				7			
5					6		3	

		7		8				
			3				6	9
5								
	5						9	
6					4	7		
				3	8		4	1
				4			5	7
	7		6		3	9		
	9				1	8		

								2
			1		2	7	6	
6				3		5		
7	1		9		6			
	2							8
5	6		4		7			
9				1		2		
			2		4	3	1	
								7

	9		5	2	6			
	6	4			8	7		
			8		7	5	9	
3			9				4	
				4	3		6	
	4					3		
	7	3				1	8	
1				8				

			3	8		6		
2								
		6				1		8
	9		6	7				
			8	2	4			3
				9	1			6
5	7					4		
9		4			2			
1	6	2					7	

		1					5	
		8	7				4	9
9	5			2	1			
	7				4			2
		5					8	
		2	1			6		4
					2			
1	2			7			3	
	6		5		3			

4			9					
						3	1	
		7			4		2	
	3				6	5		
7	6	9	2					
				1				2
	8			5		4		
		5		3	7			
6				2				3

			1	9	6			
		8				1		
				4				
			2		9			
9			5		7			6
6	8	2				7	5	9
		3		1		5		
		5	3		4	6		
	2						7	

			5		6			
	7	5				4	9	
			4	8	9			
3			2		7			6
8								4
	3			5			8	
5		4				3		2
9		8				5		1

	9		6	5	2		7	
		6	1		8	2		
		2	4	8	5	6		
	3	5				7	2	
		1				8		
			5		4			
6			8	9	3			7

	4		7					
		1	9	4		8		
7							2	
	1			3		2		6
		2	6			4		
	6			8		3		9
4							5	
		8	3	7		6		
	9		2					

								4
						5	2	
9	2				4		8	3
	3	7		8	2			
		2			7	9		
	9	8		6	3			
6	7				8		4	2
						6	9	
								1

	7		5					8
1			7					
					8			
	2	4				3		
	3		6	2				
		7	9	3			1	2
		6	2		7			
4				6	9			7
	5						6	

	6						9	
	4		6		2		8	
	5			4			6	
		1				7		
			2	1	7			
2			3		8			6
	9	6				4	2	
		7	8		3	6		

5							8	
	4		5	2				9
9	1				8			
	2			1	5	6		
		1	6		4		5	
				7			3	
1				9				
					3	8	9	
		9				3		6

3			7		8			2
			9		3			
2								1
		2				8		
	7	4				9	1	
1								4
			5		1			
6		9				5		8
4	2			6			3	9

					2			
				6			7	
5		7		1				
	3		9					1
1			5			9	3	
6		5		4	1			
	2		1			8		
		4			3			
			6	9		4		

9				8		3		
	1				2	4		
	2						8	1
7		1					6	
		6	5					7
5		9		4				
			3	1	6			
						6	7	
			2		5			8

1								6
			7		5			
	3	7				5	8	
2			4		6			8
3	4						1	7
5								9
			9		2			
	6						9	
		2	3		8	4		

			7					
	6				2			
		1	5		8	4	7	
		9		7		5		4
			8		4		2	
		3		2		7		8
		4	9		7	1	6	
	5				6			
			4					

		6				2		
7		1		9		6		8
	9						1	
	7		2		8		4	
	1		5		3		2	
	5						6	
9		2		6		7		3
		3				5		

				4				7
	9		3			2		
		4					1	
5	3				6	1		
2				5		6		
6	8				3	4		
		8					4	
	1		9			3		
				2				8

3					6	4		
				2			5	
			5			2		9
		5	6		8			7
		8					3	
7					5	6		
1		4		8	2			
5								
	8	7	3					4

			2		5			
		5	6		1	3		
		2				6		
8		4		3		7		9
2	9						8	6
5	7						4	2
			8	2	4			
		6				8		

	5						3	
			8	4	7			
		4				2		
9			6		5			1
	1	5				8	9	
				3				
1		2				9		7
		7	2		8	1		

				5				
		9				1		
	7		2		4		6	
	5	6				9	1	
				3				
	8			4			7	
		8				5		
	2	4	5		6	7	9	
			4	1	2			

	1							6
		4		9		7		
		7	1			2		9
6			7	1				
		1	5	2				
5			9	8				
		5	8			3		4
		9		4		1		
	4							2

				2				
		7	5		9	1		
	4		1		2		7	
1			3	6	4			8
6	8						3	7
2			7		8			6
7		1				2		9

8								3
		7				2		
3	4	9				7	1	5
			2		5			
2								6
1		3		7		5		2
	9		5		2		6	
			1		4			
		1				9		

						2		
			5		7		3	
	7	6	2	4				9
1							8	
2	3					6		
		9	3			5	4	
	4		8			7		
		1		6		9		
7				2	4			

3					9			7
		2						
	9		2		5			6
			8		2	6		
	1	8					5	
			4		3	7		
	3		6		7			9
		6						
1					4			2

		2				6		
	8			9			4	
			6	3	7			
		7		1		9		
			4	2	3			
	2						9	
	3	4				1	6	
1	6	9				7	3	2

		8				1		
				6				
	7		4		5		6	
			2		3			
		9				4		
	8		5	7	4		2	
		6				2		
7			3		6			4
5	9						3	1

	4							
		1			6	2		
3				5				8
	3	7		6	8			
1	9	4						7
	6	2		1	4			
7				9				1
		3			5	6		
	2							

			3			5		
		6						2
8				2	1		4	
	1			9	7		6	
						1	8	5
	8			5	2		3	
4				6	3		5	
		1						9
			9			4		

							8	
		2				6		3
	8			1	7		5	
			9			3		
3		6	8			2		
		7		5	4			
2		8	1	4			9	
4						1		
	7	1		3				

							7	4
			5		1			
			8			2	9	
	5	1			2		3	
								7
	6		4				1	
		5						
4		6	9		3			2
3				8			5	

								2
				8	4		9	5
			9			8	4	3
		2	3				8	
	4			1				
	7				6			
		3					5	4
	1	4	5			7		
6	5	8				3		

								8
			1			4		3
						1	5	
	2			6		3	1	4
			8		7	9		
				1				2
	1	7	5	8				
		9	2					
4	8		6		1			

		7			3			
1		2	7			3		
			6	9			7	
	1		4					6
	4	6				1		
					2	4	8	
7				8			1	5
				2	6			
		8					9	

				3				5
4	2						8	
		7				4	1	
	7	2		4	1	6		
			6					
	9	4		7	2	1		
		1				5	4	
5	3						7	
				6				1

				7		9		
							6	3
	1	6			5			8
8	3		1					
4		2			7			9
7	9		5					
	5	7			2			6
							7	1
			1		8			

			4					
3	1	7			8			
				9	1			
		8		6	3	9	1	
	3	9			4	8		
		4						7
			6	1	5		9	
	5			4			8	
							3	

5								4
	7				9	2		
		3				1	9	
4			5	2	1			3
6								
3			9	6	4			1
		5				8	7	
	2				3	4		
8								9

			1					
		5				9	8	
	9	8	6					2
3		7						
				7	5	8	1	
				1			7	
	8			9			3	7
	7			4	6	2		
		9				4		

	1			3				6
		5	2	9				8
		8		2		6		
	7	3	6					
						7	5	1
			9		1			7
					3			2
	5	9			2	1	8	

		1			4			3
				6				
		3	9	1	8			
		4				8		6
2		9				5	7	
	6		8			3		
	4			9	6	7		2
		6	1					
5				7				

		1						
		7	6	2				
6	2	3			8			
	7			9		5		
	1			4	3		9	
2							8	
						4	3	6
				1	2	8		
			5			1		

							5	
3				9			1	2
		2			6			
8	1		5			7		
		6					2	
	9				3			
	7			2		5		
9		5	8		7			
	2				1		9	

							9	
	4							5
	2	6	4					
8				3				
			7	5	9			
7			8	2		4		
1						3		
4						8	6	
	8	7	2		3			

	5	3				7		
		8		5		6	2	
3			5	8				
	1	5			6	3		
6	9		7		4			
				7		5	6	
			2	4			3	
			1		9			

				9				
			3	8			2	
9		8				4		
8	7	9						
1	5						3	7
	3	4					8	
			1		3	6		
			2	4	6			
				7	8	5		

					5		4	
			1	9				2
			7	2	8		1	
	3	8				1		
	5	4			7			
7		2		8				
			5			6		7
1		7						
	8					9		

4				2				
		9						
	7		4			9	5	8
		7		9	8			
9			6		4	8	1	
			2	1				
		3		7			4	1
		4		8		5		
		5				2		

4		5				7		8
		9	1		8	3		
3								1
		6		7		5		
				9				
		8				6		
	9		3		5		7	
	4		6	8	2		9	

			2		7			
3	6						4	7
1			4		6			5
		5	7		3	4		
	7						3	
	2			4			5	
9	4						6	3
		7		1		2		

		6		7		3		
4					1			
			6					5
5		9		3			2	
6		2			8			4
1		4				8		
		8	2	5	7			1
			1	8	3		6	

		6	7			3		
	4			8				
2				6	4			7
	1				5	2		
	2	9				1	3	
			2					6
				3				5
4				5	9		6	
9	7					8		

			2		1			
1		6				7		3
				1				
9	4			8			3	7
8		1				2		9
	6			3			8	
	3	7				5	9	
5								6

		3		7	4			9
	8					4	6	1
6		7		4			8	
			6	2				
3		1		8			4	
	4					9	1	7
		6		9	5			4

		8		7				
	4				8			
2			4	9				
		6			3	7		
9		4					2	
	2		8			3		6
			3		9	5		2
				6				9
					5	4	3	7

	3	5						1
9				4				
8			9			6		5
		8		7	2	9		6
	5		8				1	
			3				5	
		9	4					
				8	6			
7		3	2					8

	1				2			
	2			9				6
5			8		3			
3			2		1	5		
						7		
2			6		8	1		
4			5		9			
	7			8				5
	9				7			

	9					8	2	
			4	5	3	7		
		1			2	3		
		4			5			
		6	9	1	4		7	
	2	9	5				3	
	5				7	1		6
							5	

	8						1	
		6	5		9	3		
			8		3			
	7						2	
6		2				9		7
5				2				4
8	1						6	9
		9				8		

	8		5					
				2			6	
		1		4	3			9
6			4		9	5		2
9			2		6	1		8
		7		6	4			3
				7			4	
	3		8					

		6				4		
5								7
			5	8	4			
		1				3		
	3						2	
	5	4	7		3	9	1	
1								3
				9				
	2	7	4		6	1	9	

					1		4	
	5	7						8
		6					1	5
4				6	2	1		
		8			4			
6				7	9	8		
		1					8	9
	3	2						6
					8		2	

					6			
				1		4	8	
	9	7	4		2			
9				3		5		
5	3						7	
4				2		8		
	6	8	3		1			
				8		7	1	
					4			

			5				4	
				3	4			7
		1						
		3			2		8	
	6						9	
1	5	8						4
	1		2		9	6		
7		2	6	4				
6	3		7					

				6				3
							7	
		3	7			5		
		6						8
1					9	4	2	
				4	2		1	
		2		8			3	5
	7			2	4	6		
9			5			2		

4								6
		8		7			3	
	2				4			
	6		4		5		2	9
			8				5	
	5		2		1		8	3
	3				8			
		2		5			9	
1								2

		6	1		2	5		
	1		3		6		4	
5			4		7			2
	3	4				8	6	
	2		8		3		1	
		9	6		5	4		
	5			7			8	

							3	
6					3			9
			7	5	6	8		
	2					7	8	
	1	9				2		
7						5		
	5			7				
4		1		6	8			
	8		4				2	

			8		2			
	1			5			3	
		4				6		
	4	9				3	6	
7			9		8			2
	8	2				9	1	
		1				8		
	3			7			9	
			2		1			

		7				2		
	8		9					
1			6	2			4	
8	6				3		7	9
3	9				2		6	8
9			7	3			1	
	2		4					
		6				9		

		4					3	2
					2			6
9		5				4		
			4		1	2		
						6	8	
	8		2		6			3
		2	6	9				
8				1				
4	7				3			5

						4		
8				9				
	1							5
	6	7	8	1				
5					3		6	
	3	8			6			
	4	6	1		2			
2		1	3		5	9		
	5			6			1	

				1				9
			8				4	2
			2	3		7		8
	7	6						
8		2		7	1			4
				6				5
		7						
	6						9	
4	1	3		9	6			

				8				
1		6		5	9			
	9			6	2	8		
7		4				2	6	
						1	7	4
3								
8					5		3	
						4		
		1	6		7		9	

	7			3			2	
		8				9		
	6	3	5		9	1	7	
5								6
1		5	7		8	3		9
9			2		1			8
		7	3		5	2		

	7				8		9	
3		5		7				8
	9							1
							3	
	8			1			5	9
9					4			
							6	
1			6	3		7		
	3	9		5				4

		5				8		6
	4				7		5	
			6			1		7
6							9	
7	8		1					
				2		7		
	1	9						2
	6	7		9			3	
5				7	4			

				8				
		1	6					7
	9				5	2	8	
	5				4			
6					1		5	
		8	9	5	6	7		
		6			2	4		3
		3		7				
	2					9		

	4	6				5		
			4	6	3			8
2					6	8	9	
				4			1	2
1					7	6	3	
			5	8	1			3
	2	8				4		

			7		2			
2		1			3		5	
		6						2
		4		3		7	6	
			5				4	3
		5		4		9	8	
		2						6
1		9			5		3	
			1		8			

		8		6	7			
	5			9		4		
6							9	
	1			2				9
					1		7	3
	9	5	6					
5		3	1					6
	2		7		8		5	
		9				1		

5								1
	3	2				9	6	
		4	7		8	3		
8								4
			6		9			
	2		3		5		7	
	7	3		1		8	2	
9				2				3

							2	
5							1	3
			8		3	7		
3			7			8		
4	6	5						
1					2	9		
		4		9				
7				4				
	3		5	7	6		4	

	1	4	6					
						5		
				5	3	2	6	
			3			9		
9	8					6		
4					1			7
1		3						8
	4			7				6
		9	1	3				

	2							
4			9		1			
7	3	9	6	4				
		2					6	
3		4				8		
			7			4	3	
9				8	5	3		
						5		8
		3		9		2	7	

							3	
				6	2			9
		7	1	9		2		
	5		6				9	
	6					1	2	
1					4	5		
	4	2				7		
		3		4	9			
			5					

			1	7			3	4
	7				4		8	
							1	6
1	4	5		8				
	8	3	2		1			
							5	9
	5				6		7	
			7	1			6	2

	9	8		6		4	1	
			5	9	7			
4								3
		1	9		3	7		
	8						4	
	6	3	4		1	8	7	
		2		7		3		
	7						9	

7				2				4
		8	7		4	1		
		1	2		3	9		
	7	5				8	1	
	5	7				4	9	
		3				6		
	2		9	5	6		8	

8								
	2				9	7		
			2	5		8	9	
6	9				4	3	7	
						4		
3	4				8	1	6	
			8	9		2	4	
	3				7	5		
4								

5	9			1			3	
7								8
	3			6	7			
8		7				2		
	2	1		8		5		3
	6							
				2	1			
			9	7		1		2
					3		7	4

	5							
7						2	9	
		6	2	5			3	1
	8		9		2			
1				7		4		
	6		8		3			
		9	4	3			5	8
6						9	1	
	7							

			3		9			6
5			3		9			6
	2	7		6		1	3	
6	9		1		3		5	4
		4				8		
			6		5			
	5						8	
4	6		9		8		7	1

		9				6	7	8
	6			8		2	4	5
				7			5	
		6	1		2			
			5					4
	9	3					2	
	8	4	7			3		
	7	2			6			

			5					
9				1		5	6	
3	8		6		4			
		3						9
			7			4	5	6
		2						7
1	2		8		7			
4				6		9	1	
			4					

								5
		5				1		3
	4			8		2	9	6
				3			5	2
		2	9			8		
					2	9		
	3	1		2	4			
		7	8					
2	5	4	7					

		8	1		2			3
1			5				4	
					3	5		7
6	5				4			
			9					
8	3				1			
					5	8		6
2			7				3	
		5	3		8			9

			1	6				
						8		
		2	4	7	8		6	
	1		3			5		
	3					9		6
	4				9	7		8
5						6		
	6		8	5	4			
3		7						

							3	
							6	7
			4	8	1			
		6	5					8
		9		1	8			
		5		2			7	
							9	6
1	4				9	7		
	6		8			1		4

			6			8		
						5	2	
	5		7				4	1
2				8				
		8	3		6			
5		6		9		3		8
4			2	6				
1						4		
	6	5	8		7			

		2		8	4		6	
9			2				4	5
		6	8	7				
	9				5			1
		8	4	2				
3			1				5	6
		4		9	6		3	

			8		9			
	6		5		4		1	
3								4
			2		6			
		7	4		3	5		
		3				4		
		9				7		
8	1						6	9
	3					2		

			6	2	1			
	3		7	4	9		6	
	5	6				7	2	
8		7				4		5
	1		2		5		7	
7		4				2		9
		9				3		

					9	5		
					2	6		
	3			5			9	8
				7			3	1
	1	8			3	9		
		7	9					
7	2		5	1				
9		5		3		1		
	8	1						

			5					
7		2	8					
1		8		7	6			
			3			8		
3	8					5		
		6			2		3	7
		9	4			7	5	
8				9				
	3			6		1	8	

						8	3	7
		6						
	8				5			2
					1	4		8
		3		7		6	5	1
4				2	8			5
6					3			
7		5		1	4	3		

	5						9	
		6	4		7			2
4				5				
	3		5	8	9		4	
		4						
	6		1	4	2		8	
3				1				
		7	3		4			8
	2						7	

							7	
			3			8	6	5
			2	6				
	9	3					4	
		4			1			9
				2		7		
	7				2	5		
8	5		9					
	2			7				4

			9		8			
	8		7	3	1		2	
8								4
	1	7				3	6	
	4		5		3		7	
				2				
	5	6		9		4	8	
1		4				9		2

			8					
	4	1				2	9	
			4		9			
	1						8	
	5		2		6		4	
			7		8			
4	9						6	8
	8	2				3	1	
	3						7	

				1				
			2		6			
4	6	9				8	1	2
	8			2			3	
		7	8		1	5		
		8	6		4	9		
1	2						7	4
9								5

					2			3
		8	7					
	6	3		9				5
	3					8	9	
		4			1			
5				7				2
			6				7	9
			5			6		8
6		2			7	4	5	

	5			1		2		
		6			8	7		
					7	8	3	
	2			8			7	
5					6			
	9			2			8	
					4	5	2	
		4			5	9		
	8			3		4		

	8		1					
5					3			
2	1	3			7			
		1				4	6	
9		5	7	4				
				5				2
				6	4	3		
4						2		9
	5			1		6	4	

			9		7			
		8				5		
3			2		5			9
	8			6			2	
4								1
		3		4		7		
	3						5	
	2	5				8	6	
	4		8		6		1	

			8					
			1			6		
1					5	8	9	
4	1		9		2	5		
3	7							
					3		6	4
6	5							
		1		4	9			
		7		5	6	9		

	1			8				
					3	5		
	6	5			1		9	
		1				2	4	
		8	1					5
6			7	2				
7	9			5	2	8		
		2				4		6
		6	8					

8			5		9			7
	2	1				6	5	
	1						8	
6		8	1		7	3		4
9			8		5			1
		7	2		4	8		
4								6

Super Fiendish

					5			
			7		6		4	2
	3	7					9	
2						9		6
				9			5	
5						3		4
	4	8					7	
			2		4		8	5
					9			

			1				4	
4	5						3	7
3		7			4			
8	6					9		
	4			9				
2								5
						4		
1	8			5	2		7	
	3		7		9	8	1	

					4	1		
	1			7		6	3	
		2						4
4			8	3	2	9		
2								
3			7	6	5	2		
		3						7
	6			5		8	9	
					7	3		

		3						
			2		7			
	8	1		5	3			
3		6		1		7	9	
1					6	8		
	5	8					3	
			5		8	2		7
			3			5		
			6	4				

				8				6
4		5			2	9		
	2						1	
		2					7	
9	8		7					4
7	4			6				
8					1		3	
			9	4		1		
		6	3	7			4	

			8					3
8				3		2		
	3	6		7				
5			4			1		9
				8			4	
1			9			7		5
	9	4		5				
3				1		5		
			3					8

			7					2
		2		9			5	7
3	7				1			8
	3	7			9			
					2			
	8	9			6			
7	6				5			3
		3		4			1	5
			6					9

						7		
	3			7		8		
	1	4					5	9
			9					
9					2		6	
2	4	5	1					
			3			6		
6	8		7			4	1	
	5		6	8				

							5	
		8			4			3
	5	3	7					
2	9			3			4	
			8		7			
		7		4		1		
			6			4	8	
4	7				8	2		
3	8				9			

				7				
3		9					2	
	2	4			5			3
			8		7	3	5	
	8		4					
			5		1	8	6	
	1	8			4			9
9		2					7	
				2				

5						4		
	1	9				7	2	
		6	9					
	7	5	6					
2		8	1	7	4			
	3		4	2	1	5		
		1		6		2		
6			3				9	

					2			6
		4	7					
	5			6			3	
	4				3		9	2
		7			9			
9			2	4		3	6	
					1	8		
		9	8		6			3
4			9				1	

							9	
			2		6			
		5	4	9	7	2		
	9	7		1				
		4	9			5	6	
	2	3						
		9		4			7	
4				2		6		5
							3	

					3		8	4
2		8		7		6		
4	2				9	5		
		7		5		2		
6	8				1	3		
3		1		9		7		
					7		9	6

		5			8	3		
2			5	1			6	
1		8			2		3	
5	7		4			9		
				3		8		
					4		9	
8				6				
	3			9	5	4		

		2			4			
8						7		
3					9		5	
						3		2
2	7	5	3					
			6					
	4		5					6
	6	3	4					
			9		8	3		

					8			
		7	6			2		
				9			8	
	9	1	4					7
			2			6		
	8			1	3		4	
	1				2		5	
3		2	1		5			
	4							

5								
			1		5	9		
				9	6		4	
	3			8		7	2	
		8	2		7	3		
	9			6			8	
1	2			3				
		3	6		8			
9		6						4

3		5				1		4
	6						7	
	7		5		4		6	
				7				
	5	4				8	2	
		1				5		
9				6				3
			9	4	8			

		8			6		7	
2								6
5			7			9		
3	2			4				1
			5		3			
8	6			1		4		
								2
			3		5			
			2		9	8	6	

Solutions

1

9	8	3	4	5	7	6	1	2
2	6	7	3	1	8	9	4	5
1	5	4	9	6	2	7	3	8
8	7	2	1	4	6	5	9	3
3	1	5	2	8	9	4	6	7
4	9	6	7	3	5	8	2	1
6	3	9	8	7	1	2	5	4
7	2	1	5	9	4	3	8	6
5	4	8	6	2	3	1	7	9

2

3	5	4	9	6	7	2	8	1
8	9	1	2	5	4	6	3	7
2	6	7	8	1	3	9	5	4
6	4	9	7	3	2	5	1	8
1	2	3	4	8	5	7	6	9
5	7	8	6	9	1	4	2	3
7	1	6	5	4	8	3	9	2
4	8	5	3	2	9	1	7	6
9	3	2	1	7	6	8	4	5

3

3	5	9	6	2	1	4	7	8
7	4	2	3	8	9	1	6	5
1	8	6	7	4	5	2	3	9
5	3	8	1	7	6	9	4	2
6	7	1	2	9	4	8	5	3
2	9	4	5	3	8	6	1	7
9	6	5	8	1	7	3	2	4
8	2	7	4	6	3	5	9	1
4	1	3	9	5	2	7	8	6

4

4	5	2	8	6	1	9	7	3
6	9	3	2	5	7	4	8	1
1	8	7	9	4	3	6	5	2
3	7	1	5	9	4	2	6	8
8	2	4	1	7	6	5	3	9
9	6	5	3	8	2	7	1	4
7	3	8	4	2	5	1	9	6
5	4	9	6	1	8	3	2	7
2	1	6	7	3	9	8	4	5

Solutions

5

6	4	1	8	3	5	9	2	7
2	3	8	4	7	9	6	5	1
5	7	9	2	6	1	3	8	4
3	9	6	1	5	7	2	4	8
4	5	2	6	9	8	1	7	3
1	8	7	3	2	4	5	6	9
8	6	5	7	1	3	4	9	2
9	1	4	5	8	2	7	3	6
7	2	3	9	4	6	8	1	5

6

5	9	3	4	6	7	8	2	1
1	4	2	5	8	9	3	6	7
6	7	8	2	1	3	5	4	9
8	6	4	1	9	5	2	7	3
7	3	1	8	2	4	9	5	6
9	2	5	3	7	6	4	1	8
3	8	7	6	4	2	1	9	5
2	1	9	7	5	8	6	3	4
4	5	6	9	3	1	7	8	2

7

4	6	9	5	2	1	3	8	7
5	1	2	3	8	7	6	9	4
7	8	3	4	6	9	2	1	5
2	4	6	9	1	8	7	5	3
1	3	7	2	5	6	8	4	9
9	5	8	7	3	4	1	2	6
6	2	4	8	9	3	5	7	1
3	9	5	1	7	2	4	6	8
8	7	1	6	4	5	9	3	2

8

9	1	7	4	2	6	5	8	3
4	6	8	5	9	3	1	2	7
2	3	5	7	8	1	6	4	9
5	2	6	9	1	8	3	7	4
1	4	3	2	6	7	8	9	5
7	8	9	3	5	4	2	1	6
6	9	1	8	4	5	7	3	2
3	5	4	1	7	2	9	6	8
8	7	2	6	3	9	4	5	1

Solutions

9

9	5	4	2	7	3	6	1	8
8	3	2	6	9	1	7	5	4
6	7	1	4	5	8	3	2	9
7	4	3	8	2	5	1	9	6
1	9	6	3	4	7	5	8	2
2	8	5	9	1	6	4	7	3
5	2	8	7	6	4	9	3	1
4	1	9	5	3	2	8	6	7
3	6	7	1	8	9	2	4	5

10

4	8	6	5	3	1	9	7	2
5	3	7	9	2	4	8	6	1
9	1	2	8	6	7	4	5	3
3	7	9	1	5	2	6	8	4
6	5	1	7	4	8	2	3	9
2	4	8	3	9	6	5	1	7
1	6	4	2	7	5	3	9	8
8	9	5	4	1	3	7	2	6
7	2	3	6	8	9	1	4	5

11

6	9	2	7	4	5	3	8	1
3	4	1	6	2	8	5	7	9
5	7	8	9	3	1	4	6	2
7	1	6	2	5	3	8	9	4
9	2	3	4	8	6	1	5	7
4	8	5	1	9	7	6	2	3
8	5	9	3	1	2	7	4	6
1	6	4	5	7	9	2	3	8
2	3	7	8	6	4	9	1	5

12

5	8	3	2	6	1	7	9	4
9	1	6	7	5	4	3	2	8
7	4	2	9	8	3	1	5	6
2	6	4	1	3	5	9	8	7
8	9	5	6	7	2	4	3	1
3	7	1	8	4	9	2	6	5
1	3	7	5	2	6	8	4	9
4	5	9	3	1	8	6	7	2
6	2	8	4	9	7	5	1	3

Solutions

13

5	4	3	6	8	9	2	7	1
8	9	7	1	4	2	6	3	5
1	2	6	5	7	3	4	8	9
3	6	5	2	9	8	1	4	7
2	1	9	4	5	7	3	6	8
7	8	4	3	6	1	9	5	2
9	5	1	7	3	6	8	2	4
4	3	2	8	1	5	7	9	6
6	7	8	9	2	4	5	1	3

14

1	3	4	8	6	7	2	5	9
6	5	7	2	9	3	4	1	8
2	8	9	1	5	4	3	7	6
3	7	1	5	2	6	9	8	4
9	4	2	3	8	1	7	6	5
8	6	5	4	7	9	1	3	2
5	1	3	6	4	2	8	9	7
7	2	8	9	1	5	6	4	3
4	9	6	7	3	8	5	2	1

15

4	1	2	5	8	9	6	3	7
9	5	6	3	4	7	8	2	1
7	3	8	6	1	2	4	5	9
5	4	3	8	9	6	7	1	2
6	7	1	4	2	5	3	9	8
2	8	9	7	3	1	5	4	6
1	6	5	2	7	4	9	8	3
8	9	7	1	5	3	2	6	4
3	2	4	9	6	8	1	7	5

16

5	3	4	7	8	1	6	2	9
2	8	9	6	5	3	4	7	1
6	1	7	9	4	2	8	3	5
4	9	1	3	2	6	7	5	8
7	5	3	8	1	9	2	6	4
8	6	2	4	7	5	1	9	3
1	4	6	5	3	7	9	8	2
3	7	8	2	9	4	5	1	6
9	2	5	1	6	8	3	4	7

Solutions

17

6	5	1	8	3	2	7	4	9
7	2	9	4	1	6	3	5	8
4	3	8	9	5	7	6	1	2
9	7	6	3	4	5	8	2	1
3	4	5	1	2	8	9	7	6
8	1	2	6	7	9	4	3	5
2	9	3	5	8	4	1	6	7
1	6	7	2	9	3	5	8	4
5	8	4	7	6	1	2	9	3

18

5	9	7	8	3	4	2	6	1
2	1	3	7	6	5	8	9	4
8	4	6	9	2	1	7	3	5
7	3	1	6	9	8	5	4	2
6	8	4	1	5	2	3	7	9
9	2	5	3	4	7	6	1	8
3	5	9	2	1	6	4	8	7
1	7	2	4	8	3	9	5	6
4	6	8	5	7	9	1	2	3

19

9	5	8	6	1	3	7	4	2
2	1	3	7	9	4	5	6	8
4	6	7	5	2	8	9	1	3
8	3	6	1	7	5	4	2	9
1	2	4	9	8	6	3	5	7
5	7	9	4	3	2	6	8	1
7	4	2	3	6	1	8	9	5
6	9	1	8	5	7	2	3	4
3	8	5	2	4	9	1	7	6

20

8	5	3	4	9	1	2	6	7
9	6	4	5	7	2	3	8	1
1	2	7	8	6	3	5	4	9
5	4	2	7	1	8	9	3	6
7	9	6	2	3	5	8	1	4
3	1	8	9	4	6	7	5	2
6	8	1	3	2	9	4	7	5
2	7	5	1	8	4	6	9	3
4	3	9	6	5	7	1	2	8

Solutions

21

6	3	8	1	4	9	2	5	7
7	1	2	5	8	3	4	9	6
4	5	9	2	7	6	3	1	8
9	8	5	4	3	1	7	6	2
2	4	1	6	5	7	8	3	9
3	7	6	9	2	8	5	4	1
5	9	4	8	6	2	1	7	3
8	6	3	7	1	4	9	2	5
1	2	7	3	9	5	6	8	4

22

1	5	8	2	4	7	6	3	9
7	4	9	3	1	6	8	5	2
2	3	6	5	8	9	1	4	7
8	9	2	1	6	5	3	7	4
4	6	5	8	7	3	2	9	1
3	1	7	9	2	4	5	6	8
6	8	4	7	5	2	9	1	3
5	2	3	4	9	1	7	8	6
9	7	1	6	3	8	4	2	5

23

3	8	2	4	6	5	1	7	9
7	9	6	8	3	1	5	4	2
1	4	5	9	7	2	8	3	6
5	3	9	1	2	8	4	6	7
4	2	8	7	5	6	9	1	3
6	7	1	3	9	4	2	5	8
2	6	4	5	8	3	7	9	1
9	5	3	2	1	7	6	8	4
8	1	7	6	4	9	3	2	5

24

3	9	2	1	7	8	6	5	4
6	5	1	2	9	4	7	8	3
7	4	8	5	6	3	1	9	2
9	1	4	7	2	5	3	6	8
8	6	7	9	3	1	4	2	5
2	3	5	8	4	6	9	7	1
1	2	9	4	5	7	8	3	6
5	8	6	3	1	9	2	4	7
4	7	3	6	8	2	5	1	9

Solutions

25

2	9	7	6	4	1	8	5	3
6	1	3	8	2	5	7	9	4
8	5	4	9	3	7	1	6	2
7	3	1	5	9	2	4	8	6
5	2	9	4	8	6	3	1	7
4	8	6	1	7	3	9	2	5
3	7	8	2	5	9	6	4	1
1	4	2	7	6	8	5	3	9
9	6	5	3	1	4	2	7	8

26

2	9	7	8	6	4	1	5	3
6	5	4	2	1	3	7	8	9
3	8	1	7	5	9	2	4	6
5	1	6	3	9	2	8	7	4
9	7	2	4	8	5	6	3	1
8	4	3	6	7	1	5	9	2
1	2	5	9	4	8	3	6	7
7	3	9	5	2	6	4	1	8
4	6	8	1	3	7	9	2	5

27

9	3	8	5	7	6	4	2	1
7	1	4	9	2	8	5	6	3
6	2	5	1	3	4	7	8	9
3	6	1	7	4	9	8	5	2
8	4	9	6	5	2	3	1	7
2	5	7	8	1	3	9	4	6
1	8	2	4	9	7	6	3	5
5	9	6	3	8	1	2	7	4
4	7	3	2	6	5	1	9	8

28

9	4	7	3	5	8	6	2	1
8	2	3	1	6	7	4	5	9
1	5	6	9	4	2	3	8	7
7	3	1	5	2	6	8	9	4
2	6	4	7	8	9	5	1	3
5	8	9	4	1	3	7	6	2
6	7	8	2	9	4	1	3	5
4	1	2	6	3	5	9	7	8
3	9	5	8	7	1	2	4	6

Solutions

29

5	3	4	2	1	9	8	6	7
2	7	1	3	8	6	5	4	9
6	9	8	7	5	4	1	2	3
9	4	6	5	7	2	3	1	8
1	5	3	6	9	8	2	7	4
7	8	2	4	3	1	9	5	6
3	2	9	1	6	7	4	8	5
8	1	7	9	4	5	6	3	2
4	6	5	8	2	3	7	9	1

30

7	8	2	6	1	4	9	5	3
1	6	3	5	9	7	2	8	4
9	5	4	3	2	8	6	1	7
5	3	6	1	7	2	8	4	9
4	2	7	9	8	5	3	6	1
8	9	1	4	6	3	7	2	5
6	7	9	8	4	1	5	3	2
2	4	5	7	3	6	1	9	8
3	1	8	2	5	9	4	7	6

31

9	5	7	8	6	2	1	4	3
3	8	2	4	1	9	7	5	6
1	4	6	7	5	3	2	9	8
4	9	3	2	7	1	6	8	5
8	7	5	9	3	6	4	1	2
6	2	1	5	8	4	3	7	9
7	3	9	6	4	5	8	2	1
5	6	4	1	2	8	9	3	7
2	1	8	3	9	7	5	6	4

32

9	6	7	5	2	1	8	4	3
4	2	8	7	6	3	9	5	1
3	5	1	4	8	9	2	6	7
8	3	5	9	4	7	1	2	6
2	7	4	6	1	5	3	9	8
1	9	6	8	3	2	5	7	4
7	8	2	3	5	6	4	1	9
5	4	9	1	7	8	6	3	2
6	1	3	2	9	4	7	8	5

Solutions

33

5	4	1	7	3	8	6	9	2
9	6	7	2	4	1	5	8	3
8	2	3	9	5	6	7	4	1
6	1	9	5	7	2	4	3	8
2	3	5	8	1	4	9	7	6
7	8	4	6	9	3	2	1	5
1	9	2	3	6	7	8	5	4
4	7	6	1	8	5	3	2	9
3	5	8	4	2	9	1	6	7

34

8	1	3	7	5	4	2	9	6
9	2	6	1	3	8	5	4	7
4	5	7	2	6	9	8	1	3
5	8	9	3	1	7	4	6	2
7	6	4	9	8	2	3	5	1
2	3	1	5	4	6	7	8	9
1	4	2	6	7	5	9	3	8
6	9	5	8	2	3	1	7	4
3	7	8	4	9	1	6	2	5

35

9	1	8	7	2	5	6	3	4
4	5	2	1	3	6	7	8	9
7	3	6	8	4	9	2	1	5
8	9	5	6	7	3	4	2	1
3	7	1	2	5	4	9	6	8
6	2	4	9	1	8	3	5	7
2	6	7	4	8	1	5	9	3
1	4	3	5	9	2	8	7	6
5	8	9	3	6	7	1	4	2

36

5	9	3	2	4	6	8	7	1
8	1	7	9	3	5	6	4	2
4	2	6	7	1	8	3	9	5
7	5	8	6	9	3	1	2	4
2	3	4	5	8	1	7	6	9
1	6	9	4	7	2	5	3	8
3	7	5	8	2	4	9	1	6
6	4	1	3	5	9	2	8	7
9	8	2	1	6	7	4	5	3

Solutions

37

9	2	4	8	1	6	5	7	3
1	5	8	9	7	3	4	2	6
6	3	7	5	4	2	8	9	1
7	1	5	2	8	4	6	3	9
2	4	6	3	9	5	7	1	8
3	8	9	7	6	1	2	5	4
8	9	3	6	5	7	1	4	2
5	6	1	4	2	9	3	8	7
4	7	2	1	3	8	9	6	5

38

8	4	2	9	3	7	5	6	1
6	9	1	5	4	2	7	3	8
5	7	3	8	1	6	9	2	4
9	5	7	1	8	3	2	4	6
2	1	8	6	9	4	3	5	7
3	6	4	2	7	5	1	8	9
7	3	5	4	6	1	8	9	2
1	8	6	3	2	9	4	7	5
4	2	9	7	5	8	6	1	3

39

8	9	1	7	5	3	4	6	2
2	4	5	9	1	6	8	7	3
7	3	6	4	2	8	5	1	9
1	5	2	6	7	4	9	3	8
4	7	9	8	3	2	1	5	6
6	8	3	1	9	5	7	2	4
9	6	7	2	8	1	3	4	5
5	1	4	3	6	9	2	8	7
3	2	8	5	4	7	6	9	1

40

6	1	9	5	3	8	2	7	4
4	8	5	2	9	7	3	1	6
2	3	7	6	4	1	9	5	8
9	2	8	7	6	5	4	3	1
3	6	4	1	2	9	5	8	7
7	5	1	4	8	3	6	2	9
1	4	2	3	7	6	8	9	5
5	9	3	8	1	4	7	6	2
8	7	6	9	5	2	1	4	3

Solutions

41

5	8	6	4	2	1	3	9	7
3	2	7	6	9	5	8	1	4
4	1	9	7	3	8	5	6	2
9	6	4	1	5	7	2	3	8
1	7	3	8	6	2	4	5	9
2	5	8	3	4	9	1	7	6
8	3	5	2	7	6	9	4	1
7	4	1	9	8	3	6	2	5
6	9	2	5	1	4	7	8	3

42

8	3	9	5	4	6	7	2	1
2	5	1	7	8	9	6	3	4
6	4	7	1	2	3	5	8	9
1	2	3	9	7	5	4	6	8
7	9	8	3	6	4	1	5	2
4	6	5	2	1	8	3	9	7
3	1	2	8	5	7	9	4	6
9	7	4	6	3	2	8	1	5
5	8	6	4	9	1	2	7	3

43

5	6	3	1	4	8	2	7	9
7	9	1	3	2	5	6	4	8
2	4	8	6	9	7	1	3	5
6	8	4	2	3	9	5	1	7
3	7	2	5	8	1	9	6	4
9	1	5	4	7	6	3	8	2
4	5	9	8	1	3	7	2	6
8	3	7	9	6	2	4	5	1
1	2	6	7	5	4	8	9	3

44

9	6	8	4	2	1	5	7	3
4	7	1	9	5	3	6	2	8
5	3	2	8	6	7	9	4	1
1	4	9	7	3	6	8	5	2
8	2	6	1	4	5	3	9	7
3	5	7	2	9	8	4	1	6
2	9	3	6	1	4	7	8	5
7	1	5	3	8	9	2	6	4
6	8	4	5	7	2	1	3	9

Solutions

45

7	9	3	5	8	1	6	2	4
6	4	1	3	9	2	5	7	8
5	8	2	7	4	6	9	3	1
9	6	5	4	1	7	3	8	2
1	2	7	6	3	8	4	9	5
4	3	8	9	2	5	7	1	6
2	5	9	1	7	4	8	6	3
3	1	6	8	5	9	2	4	7
8	7	4	2	6	3	1	5	9

46

5	9	7	3	8	6	4	1	2
3	2	6	1	4	9	5	8	7
1	8	4	7	2	5	6	9	3
8	5	3	6	1	7	2	4	9
4	7	9	2	3	8	1	5	6
2	6	1	9	5	4	3	7	8
9	3	2	4	7	1	8	6	5
7	4	5	8	6	2	9	3	1
6	1	8	5	9	3	7	2	4

47

2	9	6	5	8	7	4	3	1
4	1	8	3	2	9	5	7	6
7	5	3	6	4	1	2	9	8
5	2	9	8	7	6	1	4	3
6	3	7	2	1	4	8	5	9
1	8	4	9	3	5	6	2	7
8	6	5	4	9	3	7	1	2
3	7	2	1	5	8	9	6	4
9	4	1	7	6	2	3	8	5

48

9	1	7	3	5	4	8	6	2
5	6	4	2	9	8	7	3	1
3	8	2	1	7	6	4	9	5
7	3	8	9	2	1	6	5	4
6	5	1	4	3	7	9	2	8
2	4	9	8	6	5	1	7	3
4	7	6	5	8	3	2	1	9
8	2	5	7	1	9	3	4	6
1	9	3	6	4	2	5	8	7

Solutions

49

1	8	7	2	6	4	3	9	5
9	3	2	5	8	1	4	6	7
6	4	5	3	7	9	2	8	1
2	6	3	1	4	8	7	5	9
8	9	4	7	5	3	6	1	2
5	7	1	9	2	6	8	4	3
4	1	9	8	3	7	5	2	6
3	2	8	6	1	5	9	7	4
7	5	6	4	9	2	1	3	8

50

2	4	8	5	3	9	6	1	7
3	5	6	7	8	1	4	2	9
9	1	7	2	6	4	8	3	5
8	6	3	1	9	2	5	7	4
1	2	4	6	5	7	3	9	8
7	9	5	3	4	8	1	6	2
6	8	1	9	2	5	7	4	3
4	7	9	8	1	3	2	5	6
5	3	2	4	7	6	9	8	1

51

3	8	5	7	1	2	9	6	4
2	1	4	6	9	3	7	8	5
9	7	6	8	4	5	2	3	1
8	4	9	3	2	6	1	5	7
5	2	7	4	8	1	6	9	3
6	3	1	5	7	9	4	2	8
1	5	3	2	6	4	8	7	9
4	6	8	9	3	7	5	1	2
7	9	2	1	5	8	3	4	6

52

9	6	1	4	3	8	2	5	7
3	7	2	6	9	5	1	8	4
5	8	4	1	7	2	9	6	3
8	3	7	9	5	4	6	1	2
6	2	9	3	1	7	5	4	8
1	4	5	2	8	6	7	3	9
7	9	3	5	4	1	8	2	6
4	5	6	8	2	9	3	7	1
2	1	8	7	6	3	4	9	5

53

3	2	1	5	8	4	9	7	6
9	6	4	1	7	2	5	3	8
8	7	5	6	3	9	4	2	1
5	8	6	9	1	3	2	4	7
2	4	7	8	6	5	1	9	3
1	3	9	2	4	7	8	6	5
7	5	2	3	9	1	6	8	4
6	1	3	4	2	8	7	5	9
4	9	8	7	5	6	3	1	2

54

2	8	9	7	6	3	5	4	1
5	3	1	9	4	2	6	7	8
7	6	4	1	8	5	3	9	2
3	9	7	8	1	4	2	5	6
4	5	2	6	3	7	8	1	9
8	1	6	2	5	9	7	3	4
6	4	3	5	9	8	1	2	7
1	7	5	4	2	6	9	8	3
9	2	8	3	7	1	4	6	5

55

7	1	3	2	4	6	9	5	8
9	5	2	3	8	1	4	6	7
6	8	4	5	9	7	2	1	3
8	9	7	4	2	5	1	3	6
1	4	5	9	6	3	7	8	2
2	3	6	7	1	8	5	9	4
3	6	9	1	7	2	8	4	5
4	2	8	6	5	9	3	7	1
5	7	1	8	3	4	6	2	9

56

7	1	3	8	9	5	4	2	6
4	2	5	3	7	6	9	1	8
9	6	8	2	4	1	7	3	5
6	7	2	4	5	8	1	9	3
3	9	4	1	6	7	5	8	2
8	5	1	9	2	3	6	4	7
2	8	7	6	1	9	3	5	4
5	4	9	7	3	2	8	6	1
1	3	6	5	8	4	2	7	9

Solutions

57

8	1	4	7	9	3	6	5	2
2	7	5	6	8	4	9	1	3
6	9	3	2	5	1	8	7	4
4	3	8	5	6	2	7	9	1
9	2	1	3	7	8	5	4	6
7	5	6	4	1	9	3	2	8
1	6	2	9	3	5	4	8	7
3	4	9	8	2	7	1	6	5
5	8	7	1	4	6	2	3	9

58

9	3	7	4	8	6	5	1	2
2	8	1	3	7	5	4	6	9
5	4	6	9	1	2	3	7	8
8	5	4	1	6	7	2	9	3
6	1	3	2	9	4	7	8	5
7	2	9	5	3	8	6	4	1
3	6	2	8	4	9	1	5	7
1	7	8	6	5	3	9	2	4
4	9	5	7	2	1	8	3	6

59

1	9	4	6	7	5	8	3	2
3	8	5	1	4	2	7	6	9
6	7	2	8	3	9	5	4	1
7	1	3	9	8	6	4	2	5
4	2	9	3	5	1	6	7	8
5	6	8	4	2	7	1	9	3
9	3	6	7	1	8	2	5	4
8	5	7	2	9	4	3	1	6
2	4	1	5	6	3	9	8	7

60

8	3	5	4	7	9	6	1	2
7	9	1	5	2	6	4	3	8
2	6	4	1	3	8	7	5	9
4	2	6	8	1	7	5	9	3
3	8	7	9	6	5	2	4	1
5	1	9	2	4	3	8	6	7
6	4	8	7	9	1	3	2	5
9	7	3	6	5	2	1	8	4
1	5	2	3	8	4	9	7	6

Solutions

61

7	4	1	3	8	9	6	2	5
2	8	9	1	6	5	3	4	7
3	5	6	2	4	7	1	9	8
8	9	5	6	7	3	2	1	4
6	1	7	8	2	4	9	5	3
4	2	3	5	9	1	7	8	6
5	7	8	9	1	6	4	3	2
9	3	4	7	5	2	8	6	1
1	6	2	4	3	8	5	7	9

62

7	4	1	9	3	8	2	5	6
2	3	8	7	6	5	1	4	9
9	5	6	4	2	1	3	7	8
6	7	9	3	8	4	5	1	2
4	1	5	2	9	6	7	8	3
3	8	2	1	5	7	6	9	4
5	9	3	8	1	2	4	6	7
1	2	4	6	7	9	8	3	5
8	6	7	5	4	3	9	2	1

63

4	2	3	9	8	1	7	6	5
8	9	6	5	7	2	3	1	4
1	5	7	3	6	4	8	2	9
2	3	1	8	9	6	5	4	7
7	6	9	2	4	5	1	3	8
5	4	8	7	1	3	6	9	2
3	8	2	6	5	9	4	7	1
9	1	5	4	3	7	2	8	6
6	7	4	1	2	8	9	5	3

64

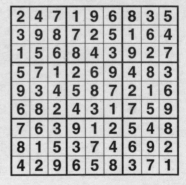

2	4	7	1	9	6	8	3	5
3	9	8	7	2	5	1	6	4
1	5	6	8	4	3	9	2	7
5	7	1	2	6	9	4	8	3
9	3	4	5	8	7	2	1	6
6	8	2	4	3	1	7	5	9
7	6	3	9	1	2	5	4	8
8	1	5	3	7	4	6	9	2
4	2	9	6	5	8	3	7	1

Solutions

65

4	9	3	5	7	6	1	2	8
2	8	1	9	4	3	7	6	5
6	7	5	8	2	1	4	9	3
1	5	6	4	8	9	2	3	7
3	4	9	2	1	7	8	5	6
8	2	7	3	6	5	9	1	4
7	3	2	1	5	4	6	8	9
5	1	4	6	9	8	3	7	2
9	6	8	7	3	2	5	4	1

66

2	1	7	3	4	9	5	8	6
8	9	3	6	5	2	4	7	1
5	4	6	1	7	8	2	3	9
1	6	8	2	3	7	9	4	5
9	7	2	4	8	5	6	1	3
4	3	5	9	6	1	7	2	8
3	5	1	7	2	6	8	9	4
7	8	9	5	1	4	3	6	2
6	2	4	8	9	3	1	5	7

67

6	4	5	7	2	8	1	9	3
3	2	1	9	4	5	8	6	7
7	8	9	1	6	3	5	2	4
9	1	4	5	3	7	2	8	6
8	3	2	6	9	1	4	7	5
5	6	7	4	8	2	3	1	9
4	7	3	8	1	6	9	5	2
2	5	8	3	7	9	6	4	1
1	9	6	2	5	4	7	3	8

68

3	5	1	8	2	9	7	6	4
7	8	4	6	3	1	5	2	9
9	2	6	7	5	4	1	8	3
5	3	7	9	8	2	4	1	6
4	6	2	5	1	7	9	3	8
1	9	8	4	6	3	2	7	5
6	7	5	1	9	8	3	4	2
8	1	3	2	4	5	6	9	7
2	4	9	3	7	6	8	5	1

Solutions

69

2	7	3	5	9	6	1	4	8
1	9	8	7	4	2	6	5	3
6	4	5	3	1	8	7	2	9
5	2	4	8	7	1	3	9	6
9	3	1	6	2	4	8	7	5
8	6	7	9	3	5	4	1	2
3	1	6	2	5	7	9	8	4
4	8	2	1	6	9	5	3	7
7	5	9	4	8	3	2	6	1

70

1	6	2	7	8	5	3	9	4
7	4	9	6	3	2	1	8	5
3	5	8	1	4	9	2	6	7
9	8	1	4	5	6	7	3	2
6	3	5	2	1	7	9	4	8
2	7	4	3	9	8	5	1	6
5	2	3	9	6	4	8	7	1
8	9	6	5	7	1	4	2	3
4	1	7	8	2	3	6	5	9

71

5	6	2	7	4	9	1	8	3
8	4	3	5	2	1	7	6	9
9	1	7	3	6	8	2	4	5
3	2	4	9	1	5	6	7	8
7	8	1	6	3	4	9	5	2
6	9	5	8	7	2	4	3	1
1	3	8	4	9	6	5	2	7
2	7	6	1	5	3	8	9	4
4	5	9	2	8	7	3	1	6

72

3	5	6	7	1	8	4	9	2
8	4	1	9	2	3	6	5	7
2	9	7	6	4	5	3	8	1
9	3	2	1	7	4	8	6	5
5	7	4	2	8	6	9	1	3
1	6	8	3	5	9	7	2	4
7	8	3	5	9	1	2	4	6
6	1	9	4	3	2	5	7	8
4	2	5	8	6	7	1	3	9

Solutions

73

8	1	9	7	3	2	6	4	5
2	4	3	8	6	5	1	7	9
5	6	7	4	1	9	3	2	8
4	3	2	9	7	8	5	6	1
1	7	8	5	2	6	9	3	4
6	9	5	3	4	1	2	8	7
7	2	6	1	5	4	8	9	3
9	5	4	2	8	3	7	1	6
3	8	1	6	9	7	4	5	2

74

9	7	5	1	8	4	3	2	6
3	1	8	7	6	2	4	5	9
6	2	4	9	5	3	7	8	1
7	3	1	8	2	9	5	6	4
2	4	6	5	3	1	8	9	7
5	8	9	6	4	7	1	3	2
8	9	7	3	1	6	2	4	5
1	5	2	4	9	8	6	7	3
4	6	3	2	7	5	9	1	8

75

1	2	5	8	9	4	7	3	6
6	8	4	7	3	5	9	2	1
9	3	7	6	2	1	5	8	4
2	1	9	4	7	6	3	5	8
3	4	8	2	5	9	6	1	7
5	7	6	1	8	3	2	4	9
4	5	1	9	6	2	8	7	3
8	6	3	5	4	7	1	9	2
7	9	2	3	1	8	4	6	5

76

5	8	2	7	4	9	6	3	1
4	6	7	3	1	2	8	5	9
3	9	1	5	6	8	4	7	2
8	2	9	6	7	3	5	1	4
7	1	5	8	9	4	3	2	6
6	4	3	1	2	5	7	9	8
2	3	4	9	8	7	1	6	5
1	5	8	2	3	6	9	4	7
9	7	6	4	5	1	2	8	3

Solutions

77

4	3	6	8	5	1	2	7	9
7	2	1	3	9	4	6	5	8
5	9	8	7	2	6	3	1	4
3	7	5	2	1	8	9	4	6
2	8	4	6	7	9	1	3	5
6	1	9	5	4	3	8	2	7
8	5	7	9	3	2	4	6	1
9	4	2	1	6	5	7	8	3
1	6	3	4	8	7	5	9	2

78

3	5	2	1	4	9	8	6	7
1	9	6	3	7	8	2	5	4
8	7	4	5	6	2	9	1	3
5	3	7	4	9	6	1	8	2
2	4	1	8	5	7	6	3	9
6	8	9	2	1	3	4	7	5
9	2	8	6	3	5	7	4	1
7	1	5	9	8	4	3	2	6
4	6	3	7	2	1	5	9	8

79

3	5	2	7	9	6	4	8	1
9	7	1	8	2	4	3	5	6
8	4	6	5	1	3	2	7	9
2	9	5	6	3	8	1	4	7
4	6	8	1	7	9	5	3	2
7	1	3	2	4	5	6	9	8
1	3	4	9	8	2	7	6	5
5	2	9	4	6	7	8	1	3
6	8	7	3	5	1	9	2	4

80

6	3	7	2	8	5	4	9	1
9	4	5	6	7	1	3	2	8
1	8	2	4	9	3	6	7	5
7	5	1	9	6	8	2	3	4
8	6	4	1	3	2	7	5	9
2	9	3	5	4	7	1	8	6
5	7	8	3	1	6	9	4	2
3	1	9	8	2	4	5	6	7
4	2	6	7	5	9	8	1	3

Solutions

81

4	5	1	9	6	2	7	3	8
6	2	3	8	4	7	5	1	9
7	8	9	5	1	3	6	2	4
3	6	4	1	8	9	2	7	5
9	7	8	6	2	5	3	4	1
2	1	5	3	7	4	8	9	6
8	9	6	7	3	1	4	5	2
1	3	2	4	5	6	9	8	7
5	4	7	2	9	8	1	6	3

82

6	3	2	7	5	1	4	8	9
5	4	9	3	6	8	1	2	7
8	7	1	2	9	4	3	6	5
4	5	6	8	2	7	9	1	3
2	1	7	6	3	9	8	5	4
9	8	3	1	4	5	2	7	6
1	6	8	9	7	3	5	4	2
3	2	4	5	8	6	7	9	1
7	9	5	4	1	2	6	3	8

83

9	1	3	4	7	2	8	5	6
2	5	4	6	9	8	7	3	1
8	6	7	1	3	5	2	4	9
6	9	8	7	1	4	5	2	3
4	7	1	5	2	3	6	9	8
5	3	2	9	8	6	4	1	7
1	2	5	8	6	9	3	7	4
3	8	9	2	4	7	1	6	5
7	4	6	3	5	1	9	8	2

84

5	6	2	8	1	3	7	9	4
4	1	9	6	2	7	8	5	3
8	3	7	5	4	9	1	6	2
9	4	6	1	8	2	3	7	5
3	2	8	9	7	5	6	4	1
1	7	5	3	6	4	9	2	8
6	8	4	2	9	1	5	3	7
2	9	3	7	5	8	4	1	6
7	5	1	4	3	6	2	8	9

Solutions

85

8	1	2	7	5	9	6	4	3
6	5	7	3	4	1	2	8	9
3	4	9	8	2	6	7	1	5
9	7	4	2	6	5	8	3	1
2	8	5	9	1	3	4	7	6
1	6	3	4	7	8	5	9	2
4	9	8	5	3	2	1	6	7
7	2	6	1	9	4	3	5	8
5	3	1	6	8	7	9	2	4

86

4	1	5	9	3	6	2	7	8
9	2	8	5	1	7	4	3	6
3	7	6	2	4	8	1	5	9
1	5	4	6	9	2	3	8	7
2	3	7	4	8	5	6	9	1
8	6	9	3	7	1	5	4	2
6	4	2	8	5	9	7	1	3
5	8	1	7	6	3	9	2	4
7	9	3	1	2	4	8	6	5

87

3	5	4	1	6	9	8	2	7
7	6	2	3	4	8	9	1	5
8	9	1	2	7	5	4	3	6
5	7	3	8	1	2	6	9	4
4	1	8	7	9	6	2	5	3
6	2	9	4	5	3	7	8	1
2	3	5	6	8	7	1	4	9
9	4	6	5	2	1	3	7	8
1	8	7	9	3	4	5	6	2

88

3	7	2	1	4	8	6	5	9
6	8	1	2	9	5	3	4	7
4	9	5	6	3	7	2	8	1
8	4	7	5	1	6	9	2	3
9	1	6	4	2	3	8	7	5
2	5	3	7	8	9	4	1	6
7	2	8	3	6	1	5	9	4
5	3	4	9	7	2	1	6	8
1	6	9	8	5	4	7	3	2

Solutions

89

6	2	8	7	3	9	1	4	5
3	4	5	1	6	2	7	8	9
9	7	1	4	8	5	3	6	2
4	6	7	2	9	3	5	1	8
2	5	9	6	1	8	4	7	3
1	8	3	5	7	4	9	2	6
8	3	6	9	4	1	2	5	7
7	1	2	3	5	6	8	9	4
5	9	4	8	2	7	6	3	1

90

2	4	8	1	3	7	9	5	6
9	5	1	4	8	6	2	7	3
3	7	6	2	5	9	4	1	8
5	3	7	9	6	8	1	2	4
1	9	4	5	2	3	8	6	7
8	6	2	7	1	4	5	3	9
7	8	5	6	9	2	3	4	1
4	1	3	8	7	5	6	9	2
6	2	9	3	4	1	7	8	5

91

1	4	2	3	7	6	5	9	8
7	5	6	4	8	9	3	1	2
8	9	3	5	2	1	7	4	6
3	1	5	8	9	7	2	6	4
9	2	7	6	3	4	1	8	5
6	8	4	1	5	2	9	3	7
4	7	9	2	6	3	8	5	1
5	3	1	7	4	8	6	2	9
2	6	8	9	1	5	4	7	3

92

5	1	9	2	6	3	4	8	7
7	4	2	5	8	9	6	1	3
6	8	3	4	1	7	9	5	2
8	5	4	9	2	6	3	7	1
3	9	6	8	7	1	2	4	5
1	2	7	3	5	4	8	6	9
2	3	8	1	4	5	7	9	6
4	6	5	7	9	2	1	3	8
9	7	1	6	3	8	5	2	4

Solutions

93

6	1	8	2	3	9	5	7	4
9	2	7	5	4	1	8	6	3
5	3	4	8	6	7	2	9	1
7	5	1	6	9	2	4	3	8
8	4	9	3	1	5	6	2	7
2	6	3	4	7	8	9	1	5
1	8	5	7	2	6	3	4	9
4	7	6	9	5	3	1	8	2
3	9	2	1	8	4	7	5	6

94

4	8	9	6	5	3	1	7	2
2	3	1	7	8	4	6	9	5
5	6	7	9	2	1	8	4	3
1	9	2	3	7	5	4	8	6
8	4	6	2	1	9	5	3	7
3	7	5	8	4	6	2	1	9
7	2	3	1	6	8	9	5	4
9	1	4	5	3	2	7	6	8
6	5	8	4	9	7	3	2	1

95

9	4	1	3	5	2	6	7	8
8	7	5	1	9	6	4	2	3
2	6	3	7	4	8	1	5	9
7	2	8	9	6	5	3	1	4
1	3	4	8	2	7	9	6	5
5	9	6	4	1	3	7	8	2
3	1	7	5	8	9	2	4	6
6	5	9	2	7	4	8	3	1
4	8	2	6	3	1	5	9	7

96

5	9	7	2	4	3	8	6	1
1	6	2	7	5	8	3	4	9
3	8	4	6	9	1	5	7	2
8	1	3	4	7	5	9	2	6
2	4	6	8	3	9	1	5	7
9	7	5	1	6	2	4	8	3
7	2	9	3	8	4	6	1	5
4	5	1	9	2	6	7	3	8
6	3	8	5	1	7	2	9	4

Solutions

97

9	1	8	4	3	7	2	6	5
4	2	5	1	9	6	3	8	7
3	6	7	2	5	8	4	1	9
8	7	2	5	4	1	6	9	3
1	5	3	6	8	9	7	2	4
6	9	4	3	7	2	1	5	8
7	8	1	9	2	3	5	4	6
5	3	6	8	1	4	9	7	2
2	4	9	7	6	5	8	3	1

98

3	2	8	6	7	1	9	5	4
5	7	4	2	9	8	1	6	3
9	1	6	3	4	5	7	2	8
8	3	5	1	2	9	6	4	7
4	6	2	8	3	7	5	1	9
7	9	1	5	6	4	3	8	2
1	5	7	9	8	2	4	3	6
6	8	9	4	5	3	2	7	1
2	4	3	7	1	6	8	9	5

99

2	9	5	4	3	6	1	7	8
3	1	7	5	2	8	6	4	9
8	4	6	7	9	1	2	5	3
5	7	8	2	6	3	9	1	4
6	3	9	1	7	4	8	2	5
1	2	4	8	5	9	3	6	7
7	8	3	6	1	5	4	9	2
9	5	1	3	4	2	7	8	6
4	6	2	9	8	7	5	3	1

100

5	9	8	2	1	7	6	3	4
1	7	4	6	3	9	2	5	8
2	6	3	4	8	5	1	9	7
4	8	7	5	2	1	9	6	3
6	1	9	3	7	8	5	4	2
3	5	2	9	6	4	7	8	1
9	3	5	1	4	2	8	7	6
7	2	6	8	9	3	4	1	5
8	4	1	7	5	6	3	2	9

Solutions

101

2	3	4	1	8	9	7	6	5
1	6	5	4	2	7	9	8	3
7	9	8	6	5	3	1	4	2
3	1	7	9	6	8	5	2	4
9	4	2	3	7	5	8	1	6
8	5	6	2	1	4	3	7	9
4	8	1	5	9	2	6	3	7
5	7	3	8	4	6	2	9	1
6	2	9	7	3	1	4	5	8

102

2	8	7	1	4	6	3	9	5
9	1	4	5	3	8	2	7	6
3	6	5	2	9	7	4	1	8
1	9	8	7	2	5	6	3	4
5	7	3	6	1	4	8	2	9
4	2	6	3	8	9	7	5	1
8	3	2	9	6	1	5	4	7
7	4	1	8	5	3	9	6	2
6	5	9	4	7	2	1	8	3

103

8	9	1	7	2	4	6	5	3
4	2	7	3	6	5	1	8	9
6	5	3	9	1	8	2	4	7
1	3	4	2	5	7	8	9	6
2	8	9	6	3	1	5	7	4
7	6	5	8	4	9	3	2	1
3	4	8	5	9	6	7	1	2
9	7	6	1	8	2	4	3	5
5	1	2	4	7	3	9	6	8

104

5	9	1	4	3	7	2	6	8
4	8	7	6	2	1	9	5	3
6	2	3	9	5	8	7	4	1
3	7	4	8	9	6	5	1	2
8	1	5	2	4	3	6	9	7
2	6	9	1	7	5	3	8	4
1	5	2	7	8	9	4	3	6
9	4	6	3	1	2	8	7	5
7	3	8	5	6	4	1	2	9

Solutions

105

1	4	9	2	7	8	3	5	6
3	6	7	4	9	5	8	1	2
5	8	2	1	3	6	9	7	4
8	1	3	5	6	2	7	4	9
7	5	6	9	8	4	1	2	3
2	9	4	7	1	3	6	8	5
4	7	1	6	2	9	5	3	8
9	3	5	8	4	7	2	6	1
6	2	8	3	5	1	4	9	7

106

5	7	1	3	8	2	6	9	4
3	4	8	9	6	7	2	1	5
9	2	6	4	1	5	7	3	8
8	6	5	1	3	4	9	2	7
2	3	4	7	5	9	1	8	6
7	1	9	8	2	6	4	5	3
1	5	2	6	4	8	3	7	9
4	9	3	5	7	1	8	6	2
6	8	7	2	9	3	5	4	1

107

2	6	9	8	1	7	4	5	3
4	5	3	6	9	2	7	1	8
1	7	8	4	5	3	6	2	9
3	4	7	5	8	1	2	9	6
8	1	5	9	2	6	3	4	7
6	9	2	7	3	4	1	8	5
9	2	1	3	7	8	5	6	4
7	8	6	2	4	5	9	3	1
5	3	4	1	6	9	8	7	2

108

7	2	3	4	9	5	8	6	1
4	6	5	3	8	1	7	2	9
9	1	8	6	2	7	4	5	3
8	7	9	5	3	2	1	4	6
1	5	2	8	6	4	9	3	7
6	3	4	7	1	9	2	8	5
2	8	7	1	5	3	6	9	4
5	9	1	2	4	6	3	7	8
3	4	6	9	7	8	5	1	2

109

2	9	1	3	6	5	7	4	8
8	7	3	1	9	4	5	6	2
5	4	6	7	2	8	3	1	9
9	3	8	4	5	2	1	7	6
6	5	4	9	1	7	8	2	3
7	1	2	6	8	3	4	9	5
3	2	9	5	4	1	6	8	7
1	6	7	8	3	9	2	5	4
4	8	5	2	7	6	9	3	1

110

4	5	1	8	2	9	7	3	6
3	8	9	7	6	5	1	2	4
2	7	6	4	3	1	9	5	8
5	1	7	3	9	8	4	6	2
9	3	2	6	5	4	8	1	7
6	4	8	2	1	7	3	9	5
8	9	3	5	7	2	6	4	1
1	2	4	9	8	6	5	7	3
7	6	5	1	4	3	2	8	9

111

8	1	3	7	6	4	2	5	9
4	6	5	2	3	9	7	1	8
7	2	9	1	5	8	3	4	6
3	7	4	5	2	6	9	8	1
9	8	6	4	7	1	5	3	2
2	5	1	8	9	3	4	6	7
1	3	8	9	4	7	6	2	5
6	9	2	3	1	5	8	7	4
5	4	7	6	8	2	1	9	3

112

7	5	8	1	6	4	3	2	9
4	1	9	2	3	7	5	8	6
3	6	2	8	9	5	1	4	7
1	8	3	4	2	6	9	7	5
6	9	5	7	8	3	4	1	2
2	7	4	9	5	1	6	3	8
8	2	6	3	4	9	7	5	1
9	4	1	5	7	2	8	6	3
5	3	7	6	1	8	2	9	4

Solutions

113

2	1	6	8	7	5	3	4	9
4	5	7	3	9	1	6	8	2
8	9	3	6	4	2	7	1	5
5	8	9	7	3	4	1	2	6
6	3	2	5	1	8	9	7	4
1	7	4	9	2	6	8	5	3
3	6	8	2	5	7	4	9	1
7	2	1	4	6	9	5	3	8
9	4	5	1	8	3	2	6	7

114

8	5	6	7	9	2	3	4	1
3	4	7	5	8	1	6	2	9
2	9	1	3	6	4	5	8	7
6	1	3	9	4	5	2	7	8
5	2	9	6	7	8	1	3	4
7	8	4	2	1	3	9	5	6
1	6	2	8	3	7	4	9	5
4	3	8	1	5	9	7	6	2
9	7	5	4	2	6	8	1	3

115

7	8	2	3	5	6	9	1	4
3	9	4	2	7	1	6	5	8
1	5	6	8	9	4	7	2	3
6	2	3	9	1	7	8	4	5
9	4	5	6	8	2	1	3	7
8	7	1	5	4	3	2	6	9
2	6	9	7	3	5	4	8	1
4	3	7	1	6	8	5	9	2
5	1	8	4	2	9	3	7	6

116

2	1	4	9	6	8	3	7	5
5	6	3	1	7	4	8	2	9
7	8	9	3	5	2	4	6	1
6	9	7	5	4	3	1	8	2
4	5	8	6	2	1	7	9	3
3	2	1	7	8	9	5	4	6
8	4	5	2	3	6	9	1	7
1	7	6	8	9	5	2	3	4
9	3	2	4	1	7	6	5	8

Solutions

117

3	6	8	5	7	2	9	4	1
1	4	9	6	3	8	2	7	5
2	7	5	4	9	1	6	8	3
8	1	6	9	2	3	7	5	4
9	3	4	7	5	6	1	2	8
5	2	7	8	1	4	3	9	6
7	8	1	3	4	9	5	6	2
4	5	3	2	6	7	8	1	9
6	9	2	1	8	5	4	3	7

118

6	3	5	7	2	8	4	9	1
9	2	1	6	4	5	7	8	3
8	7	4	9	1	3	6	2	5
4	1	8	5	7	2	9	3	6
3	5	6	8	9	4	2	1	7
2	9	7	3	6	1	8	5	4
1	8	9	4	3	7	5	6	2
5	4	2	1	8	6	3	7	9
7	6	3	2	5	9	1	4	8

119

9	1	3	7	6	2	4	5	8
7	2	8	4	9	5	3	1	6
5	6	4	8	1	3	2	9	7
3	8	9	2	7	1	5	6	4
6	5	1	9	3	4	7	8	2
2	4	7	6	5	8	1	3	9
4	3	6	5	2	9	8	7	1
1	7	2	3	8	6	9	4	5
8	9	5	1	4	7	6	2	3

120

6	4	7	8	2	9	5	1	3
3	9	5	1	7	6	8	2	4
8	1	2	4	5	3	7	6	9
9	7	1	6	8	2	3	4	5
2	8	4	7	3	5	6	9	1
5	3	6	9	1	4	2	7	8
1	2	9	5	6	8	4	3	7
4	5	3	2	9	7	1	8	6
7	6	8	3	4	1	9	5	2

Solutions

121

9	8	3	2	7	4	5	1	6
7	2	6	5	1	9	3	4	8
1	4	5	8	6	3	7	9	2
4	9	1	7	8	2	6	5	3
3	7	8	6	9	5	4	2	1
6	5	2	4	3	1	9	8	7
5	6	7	9	2	8	1	3	4
8	1	4	3	5	7	2	6	9
2	3	9	1	4	6	8	7	5

122

3	8	6	5	9	7	4	2	1
5	9	4	1	2	8	3	6	7
7	2	1	6	4	3	8	5	9
6	7	8	4	1	9	5	3	2
2	1	3	7	8	5	6	9	4
9	4	5	2	3	6	1	7	8
1	5	7	9	6	4	2	8	3
8	6	2	3	7	1	9	4	5
4	3	9	8	5	2	7	1	6

123

9	8	6	2	3	7	4	5	1
5	4	2	6	1	9	8	3	7
7	1	3	5	8	4	2	6	9
2	7	1	9	6	5	3	8	4
6	3	9	1	4	8	7	2	5
8	5	4	7	2	3	9	1	6
1	9	5	8	7	2	6	4	3
4	6	8	3	9	1	5	7	2
3	2	7	4	5	6	1	9	8

124

3	8	9	5	2	1	6	4	7
1	5	7	4	9	6	2	3	8
2	4	6	7	8	3	9	1	5
4	7	5	8	6	2	1	9	3
9	1	8	3	5	4	7	6	2
6	2	3	1	7	9	8	5	4
5	6	1	2	4	7	3	8	9
8	3	2	9	1	5	4	7	6
7	9	4	6	3	8	5	2	1

125

1	4	3	8	9	6	2	5	7
6	2	5	7	1	3	4	8	9
8	9	7	4	5	2	6	3	1
9	8	2	1	3	7	5	6	4
5	3	6	9	4	8	1	7	2
4	7	1	6	2	5	8	9	3
2	6	8	3	7	1	9	4	5
3	5	4	2	8	9	7	1	6
7	1	9	5	6	4	3	2	8

126

3	7	9	5	2	1	8	4	6
5	2	6	8	3	4	9	1	7
4	8	1	9	7	6	5	3	2
9	4	3	1	6	2	7	8	5
2	6	7	4	8	5	3	9	1
1	5	8	3	9	7	2	6	4
8	1	4	2	5	9	6	7	3
7	9	2	6	4	3	1	5	8
6	3	5	7	1	8	4	2	9

127

7	5	4	2	6	8	1	9	3
6	9	1	4	3	5	8	7	2
8	2	3	7	9	1	5	6	4
2	4	6	3	1	7	9	5	8
1	3	7	8	5	9	4	2	6
5	8	9	6	4	2	3	1	7
4	1	2	9	8	6	7	3	5
3	7	5	1	2	4	6	8	9
9	6	8	5	7	3	2	4	1

128

4	7	9	3	8	2	5	1	6
5	1	8	9	7	6	2	3	4
3	2	6	5	1	4	9	7	8
8	6	1	4	3	5	7	2	9
2	9	3	8	6	7	4	5	1
7	5	4	2	9	1	6	8	3
9	3	7	6	2	8	1	4	5
6	4	2	1	5	3	8	9	7
1	8	5	7	4	9	3	6	2

Solutions

129

7	4	6	1	9	2	5	3	8
3	9	5	7	8	4	6	2	1
8	1	2	3	5	6	7	4	9
5	6	8	4	3	7	1	9	2
2	3	4	5	1	9	8	6	7
9	7	1	2	6	8	3	5	4
6	2	7	8	4	3	9	1	5
1	8	9	6	2	5	4	7	3
4	5	3	9	7	1	2	8	6

130

5	4	8	9	2	1	6	3	7
6	7	2	8	4	3	1	5	9
1	9	3	7	5	6	8	4	2
3	2	5	6	9	4	7	8	1
8	1	9	5	3	7	2	6	4
7	6	4	1	8	2	5	9	3
2	5	6	3	7	9	4	1	8
4	3	1	2	6	8	9	7	5
9	8	7	4	1	5	3	2	6

131

3	5	6	8	4	2	1	7	9
8	1	7	6	5	9	2	3	4
9	2	4	1	3	7	6	8	5
1	4	9	7	2	5	3	6	8
7	6	3	9	1	8	4	5	2
5	8	2	3	6	4	9	1	7
4	7	1	5	9	3	8	2	6
2	3	8	4	7	6	5	9	1
6	9	5	2	8	1	7	4	3

132

6	5	7	3	8	4	2	9	1
2	8	4	9	1	7	6	5	3
1	3	9	6	2	5	8	4	7
8	6	2	5	4	3	1	7	9
4	7	1	8	6	9	3	2	5
3	9	5	1	7	2	4	6	8
9	4	8	7	3	6	5	1	2
5	2	3	4	9	1	7	8	6
7	1	6	2	5	8	9	3	4

133

1	6	4	9	5	8	7	3	2
7	3	8	1	4	2	5	9	6
9	2	5	3	6	7	4	1	8
6	9	3	4	8	1	2	5	7
2	4	7	5	3	9	6	8	1
5	8	1	2	7	6	9	4	3
3	1	2	6	9	5	8	7	4
8	5	6	7	1	4	3	2	9
4	7	9	8	2	3	1	6	5

134

3	7	5	6	2	1	4	8	9
8	2	4	5	9	7	6	3	1
6	1	9	4	3	8	2	7	5
4	6	7	8	1	9	5	2	3
5	9	2	7	4	3	1	6	8
1	3	8	2	5	6	7	9	4
9	4	6	1	8	2	3	5	7
2	8	1	3	7	5	9	4	6
7	5	3	9	6	4	8	1	2

135

2	8	4	6	1	7	5	3	9
7	3	1	8	5	9	6	4	2
6	9	5	2	3	4	7	1	8
3	7	6	4	2	5	9	8	1
8	5	2	9	7	1	3	6	4
1	4	9	3	6	8	2	7	5
9	2	7	1	8	3	4	5	6
5	6	8	7	4	2	1	9	3
4	1	3	5	9	6	8	2	7

136

5	2	7	3	8	4	6	1	9
1	8	6	7	5	9	3	4	2
4	9	3	1	6	2	8	5	7
7	5	4	8	9	1	2	6	3
9	6	8	5	2	3	1	7	4
3	1	2	4	7	6	9	8	5
8	4	9	2	1	5	7	3	6
6	7	5	9	3	8	4	2	1
2	3	1	6	4	7	5	9	8

Solutions

137

3	9	4	8	5	2	6	1	7
6	7	1	9	3	4	8	2	5
2	5	8	6	1	7	9	3	4
7	1	9	4	2	6	5	8	3
4	6	3	5	8	9	1	7	2
5	8	2	1	7	3	4	9	6
1	2	5	7	6	8	3	4	9
9	3	6	2	4	1	7	5	8
8	4	7	3	9	5	2	6	1

138

4	7	1	3	2	8	5	9	6
3	6	5	9	7	1	2	4	8
2	9	8	4	6	5	3	7	1
5	1	4	7	9	6	8	3	2
7	8	6	2	1	3	4	5	9
9	2	3	5	8	4	6	1	7
8	5	7	1	4	2	9	6	3
1	4	2	6	3	9	7	8	5
6	3	9	8	5	7	1	2	4

139

1	7	5	9	3	2	8	4	6
2	4	6	8	1	7	9	5	3
8	9	3	6	4	5	1	2	7
6	5	4	7	8	3	2	9	1
7	8	2	1	5	9	3	6	4
9	3	1	4	2	6	7	8	5
3	1	9	5	6	8	4	7	2
4	6	7	2	9	1	5	3	8
5	2	8	3	7	4	6	1	9

140

3	6	5	2	8	7	1	9	4
2	8	1	6	4	9	5	3	7
4	9	7	3	1	5	2	8	6
7	5	9	8	2	4	3	6	1
6	4	2	7	3	1	8	5	9
1	3	8	9	5	6	7	4	2
8	7	6	5	9	2	4	1	3
9	1	3	4	7	8	6	2	5
5	2	4	1	6	3	9	7	8

141

8	1	2	9	7	5	3	4	6
3	4	6	8	1	2	5	7	9
7	5	9	4	6	3	1	2	8
2	7	3	1	5	6	8	9	4
9	6	5	3	4	8	7	1	2
1	8	4	2	9	7	6	3	5
4	9	7	5	8	1	2	6	3
6	2	8	7	3	9	4	5	1
5	3	1	6	2	4	9	8	7

142

3	5	8	7	1	2	6	9	4
2	9	1	4	6	3	8	5	7
7	4	6	8	5	9	3	1	2
8	2	4	9	3	1	7	6	5
9	1	7	5	8	6	2	4	3
6	3	5	2	4	7	9	8	1
5	8	2	3	9	4	1	7	6
1	7	9	6	2	5	4	3	8
4	6	3	1	7	8	5	2	9

143

9	4	8	5	6	7	3	1	2
7	5	1	3	9	2	4	6	8
6	3	2	8	1	4	7	9	5
3	1	7	4	2	5	6	8	9
2	6	4	9	8	1	5	7	3
8	9	5	6	7	3	2	4	1
5	7	3	1	4	9	8	2	6
1	2	6	7	3	8	9	5	4
4	8	9	2	5	6	1	3	7

144

7	6	1	2	9	3	5	4	8
5	8	9	4	7	6	2	3	1
4	3	2	5	8	1	9	6	7
2	1	4	7	5	8	3	9	6
8	9	6	1	3	2	7	5	4
3	5	7	6	4	9	1	8	2
1	2	8	3	6	5	4	7	9
6	7	3	9	1	4	8	2	5
9	4	5	8	2	7	6	1	3

Solutions

145

9	7	3	4	1	5	6	2	8
5	2	8	9	6	7	4	1	3
6	4	1	8	2	3	7	9	5
3	9	2	7	5	4	8	6	1
4	6	5	1	8	9	2	3	7
1	8	7	6	3	2	9	5	4
2	1	4	3	9	8	5	7	6
7	5	6	2	4	1	3	8	9
8	3	9	5	7	6	1	4	2

146

5	1	4	6	2	7	3	8	9
3	6	2	8	1	9	5	7	4
8	9	7	4	5	3	2	6	1
7	2	1	3	8	6	9	4	5
9	8	5	7	4	2	6	1	3
4	3	6	5	9	1	8	2	7
1	5	3	2	6	4	7	9	8
2	4	8	9	7	5	1	3	6
6	7	9	1	3	8	4	5	2

147

8	2	1	3	5	7	6	4	9
4	6	5	9	2	1	7	8	3
7	3	9	6	4	8	1	5	2
1	5	2	8	3	4	9	6	7
3	7	4	5	6	9	8	2	1
6	9	8	7	1	2	4	3	5
9	4	7	2	8	5	3	1	6
2	1	6	4	7	3	5	9	8
5	8	3	1	9	6	2	7	4

148

2	9	6	4	5	7	8	3	1
8	1	5	3	6	2	4	7	9
4	3	7	1	9	8	2	6	5
7	5	8	6	2	1	3	9	4
3	6	4	9	8	5	1	2	7
1	2	9	7	3	4	5	8	6
9	4	2	8	1	6	7	5	3
5	7	3	2	4	9	6	1	8
6	8	1	5	7	3	9	4	2

149

8	6	5	1	7	9	2	3	4
3	7	1	6	2	4	9	8	5
2	4	9	8	5	3	7	1	6
7	1	4	5	9	8	6	2	3
5	2	6	3	4	7	8	9	1
9	8	3	2	6	1	5	4	7
6	3	7	4	8	2	1	5	9
1	5	2	9	3	6	4	7	8
4	9	8	7	1	5	3	6	2

150

7	3	6	1	8	4	5	2	9
5	9	8	3	6	2	4	1	7
2	1	4	5	9	7	6	3	8
4	5	9	7	1	8	2	6	3
6	2	1	9	4	3	7	8	5
3	8	7	6	2	5	9	4	1
9	6	3	4	5	1	8	7	2
1	4	2	8	7	9	3	5	6
8	7	5	2	3	6	1	9	4

151

7	9	6	1	2	8	5	3	4
4	1	2	3	9	5	7	6	8
5	3	8	7	6	4	1	2	9
3	4	9	5	8	1	2	7	6
8	6	1	2	7	3	9	4	5
2	7	5	6	4	9	8	1	3
6	5	7	8	3	2	4	9	1
9	8	3	4	1	7	6	5	2
1	2	4	9	5	6	3	8	7

152

8	1	9	7	4	3	6	2	5
5	2	4	6	8	9	7	3	1
7	6	3	2	5	1	8	9	4
6	9	1	5	2	4	3	7	8
2	8	7	1	3	6	4	5	9
3	4	5	9	7	8	1	6	2
1	7	6	8	9	5	2	4	3
9	3	2	4	1	7	5	8	6
4	5	8	3	6	2	9	1	7

Solutions

153

5	9	6	2	1	8	4	3	7
7	4	2	3	9	5	6	1	8
1	3	8	4	6	7	9	2	5
8	5	7	1	3	9	2	4	6
4	2	1	7	8	6	5	9	3
9	6	3	5	4	2	7	8	1
6	7	4	8	2	1	3	5	9
3	8	5	9	7	4	1	6	2
2	1	9	6	5	3	8	7	4

154

3	5	2	7	9	1	8	4	6
7	4	1	3	8	6	2	9	5
8	9	6	2	5	4	7	3	1
4	8	7	9	1	2	5	6	3
1	2	3	6	7	5	4	8	9
9	6	5	8	4	3	1	7	2
2	1	9	4	3	7	6	5	8
6	3	4	5	2	8	9	1	7
5	7	8	1	6	9	3	2	4

155

3	4	6	7	5	1	9	2	8
5	8	1	3	2	9	7	4	6
9	2	7	8	6	4	1	3	5
6	9	8	1	7	3	2	5	4
7	1	5	4	8	2	3	6	9
2	3	4	5	9	6	8	1	7
8	7	3	6	1	5	4	9	2
1	5	9	2	4	7	6	8	3
4	6	2	9	3	8	5	7	1

156

8	4	5	2	6	7	9	1	3
2	1	9	5	3	4	6	7	8
3	6	7	9	8	1	2	4	5
4	3	8	6	7	9	1	5	2
7	5	6	1	4	2	8	3	9
9	2	1	8	5	3	7	6	4
6	9	3	4	1	8	5	2	7
1	8	4	7	2	5	3	9	6
5	7	2	3	9	6	4	8	1

157

2	1	6	5	7	9	3	8	4
9	7	4	3	1	8	5	6	2
3	8	5	6	2	4	7	9	1
7	6	3	1	4	5	8	2	9
8	9	1	7	3	2	4	5	6
5	4	2	9	8	6	1	3	7
1	2	9	8	5	7	6	4	3
4	5	7	2	6	3	9	1	8
6	3	8	4	9	1	2	7	5

158

9	2	6	3	4	1	7	8	5
7	8	5	2	9	6	1	4	3
1	4	3	5	8	7	2	9	6
4	7	9	1	3	8	6	5	2
3	6	2	9	7	5	8	1	4
5	1	8	4	6	2	9	3	7
8	3	1	6	2	4	5	7	9
6	9	7	8	5	3	4	2	1
2	5	4	7	1	9	3	6	8

159

5	7	8	1	4	2	9	6	3
1	6	3	5	9	7	2	4	8
9	2	4	6	8	3	5	1	7
6	5	2	8	3	4	7	9	1
4	1	7	9	5	6	3	8	2
8	3	9	2	7	1	6	5	4
3	9	1	4	2	5	8	7	6
2	8	6	7	1	9	4	3	5
7	4	5	3	6	8	1	2	9

160

8	5	3	1	6	2	4	9	7
4	7	6	5	9	3	8	2	1
1	9	2	4	7	8	3	6	5
6	1	9	3	8	7	5	4	2
7	3	8	2	4	5	9	1	6
2	4	5	6	1	9	7	3	8
5	2	4	7	3	1	6	8	9
9	6	1	8	5	4	2	7	3
3	8	7	9	2	6	1	5	4

Solutions

161

2	9	4	7	5	6	8	3	1
5	8	1	2	9	3	4	6	7
6	3	7	4	8	1	2	5	9
4	2	6	5	3	7	9	1	8
3	7	9	6	1	8	5	4	2
8	1	5	9	2	4	6	7	3
7	5	8	1	4	2	3	9	6
1	4	2	3	6	9	7	8	5
9	6	3	8	7	5	1	2	4

162

7	2	4	6	1	5	8	9	3
6	9	1	4	3	8	5	2	7
8	5	3	7	2	9	6	4	1
2	3	7	5	8	4	1	6	9
9	1	8	3	7	6	2	5	4
5	4	6	1	9	2	3	7	8
4	8	9	2	6	1	7	3	5
1	7	2	9	5	3	4	8	6
3	6	5	8	4	7	9	1	2

163

8	4	5	9	6	3	2	1	7
7	1	2	5	8	4	3	6	9
9	6	3	2	1	7	8	4	5
4	3	6	8	7	1	5	9	2
2	9	7	6	3	5	4	8	1
1	5	8	4	2	9	6	7	3
3	8	9	1	4	2	7	5	6
5	2	4	7	9	6	1	3	8
6	7	1	3	5	8	9	2	4

164

4	7	1	8	2	9	6	5	3
9	6	2	5	3	4	8	1	7
3	8	5	6	1	7	2	9	4
5	4	8	2	7	6	9	3	1
1	2	7	4	9	3	5	8	6
6	9	3	1	8	5	4	7	2
2	5	9	3	6	1	7	4	8
8	1	4	7	5	2	3	6	9
7	3	6	9	4	8	1	2	5

165

9	6	2	8	5	3	1	4	7
4	7	5	6	2	1	9	8	3
1	3	8	7	4	9	5	6	2
2	4	1	5	3	7	6	9	8
3	5	6	9	8	4	7	2	1
8	9	7	1	6	2	4	3	5
6	1	3	2	9	5	8	7	4
7	8	4	3	1	6	2	5	9
5	2	9	4	7	8	3	1	6

166

1	7	6	3	8	9	5	2	4
8	5	9	7	4	2	6	1	3
2	3	4	1	5	6	7	9	8
6	9	2	8	7	5	4	3	1
5	1	8	4	2	3	9	7	6
3	4	7	9	6	1	2	8	5
7	2	3	5	1	4	8	6	9
9	6	5	2	3	8	1	4	7
4	8	1	6	9	7	3	5	2

167

9	4	3	5	2	1	6	7	8
7	6	2	8	3	4	9	1	5
1	5	8	9	7	6	3	2	4
2	7	4	3	5	9	8	6	1
3	8	1	6	4	7	5	9	2
5	9	6	1	8	2	4	3	7
6	2	9	4	1	8	7	5	3
8	1	5	7	9	3	2	4	6
4	3	7	2	6	5	1	8	9

168

2	5	4	1	9	6	8	3	7
3	9	6	2	8	7	5	1	4
1	8	7	4	3	5	9	6	2
8	6	1	5	4	9	7	2	3
5	7	2	3	6	1	4	9	8
9	4	3	8	7	2	6	5	1
4	3	9	6	2	8	1	7	5
6	1	8	7	5	3	2	4	9
7	2	5	9	1	4	3	8	6

Solutions

169

8	5	3	2	6	1	7	9	4
9	1	6	4	3	7	8	5	2
4	7	2	9	5	8	1	3	6
2	3	1	5	8	9	6	4	7
5	8	4	6	7	3	9	2	1
7	6	9	1	4	2	3	8	5
3	4	8	7	1	5	2	6	9
6	9	7	3	2	4	5	1	8
1	2	5	8	9	6	4	7	3

170

6	1	8	5	9	4	3	7	2
9	4	2	3	1	7	8	6	5
5	3	7	2	6	8	4	9	1
2	9	3	7	5	6	1	4	8
7	6	4	8	3	1	2	5	9
1	8	5	4	2	9	7	3	6
4	7	9	6	8	2	5	1	3
8	5	1	9	4	3	6	2	7
3	2	6	1	7	5	9	8	4

171

5	2	1	9	6	8	7	4	3
7	6	3	2	4	5	1	9	8
4	8	9	7	3	1	5	2	6
8	3	5	6	7	9	2	1	4
9	1	7	4	8	2	3	6	5
6	4	2	5	1	3	8	7	9
3	9	8	1	2	4	6	5	7
2	5	6	3	9	7	4	8	1
1	7	4	8	5	6	9	3	2

172

3	7	9	1	8	2	6	5	4
8	4	1	5	6	3	2	9	7
6	2	5	4	7	9	8	3	1
2	1	3	9	5	4	7	8	6
7	5	8	2	1	6	9	4	3
9	6	4	7	3	8	1	2	5
4	9	7	3	2	1	5	6	8
5	8	2	6	4	7	3	1	9
1	3	6	8	9	5	4	7	2

Solutions

173

8	5	2	4	1	9	7	6	3
7	1	3	2	8	6	4	5	9
4	6	9	5	3	7	8	1	2
6	8	4	9	2	5	1	3	7
2	3	7	8	4	1	5	9	6
5	9	1	7	6	3	2	4	8
3	7	8	6	5	4	9	2	1
1	2	5	3	9	8	6	7	4
9	4	6	1	7	2	3	8	5

174

4	7	5	1	6	2	9	8	3
9	1	8	7	5	3	2	6	4
2	6	3	4	9	8	7	1	5
1	3	6	2	4	5	8	9	7
7	2	4	9	8	1	5	3	6
5	8	9	3	7	6	1	4	2
8	5	1	6	2	4	3	7	9
3	4	7	5	1	9	6	2	8
6	9	2	8	3	7	4	5	1

175

8	5	7	6	1	3	2	4	9
3	4	6	2	9	8	7	5	1
9	1	2	4	5	7	8	3	6
6	2	1	5	8	9	3	7	4
5	7	8	3	4	6	1	9	2
4	9	3	7	2	1	6	8	5
7	3	9	1	6	4	5	2	8
2	6	4	8	7	5	9	1	3
1	8	5	9	3	2	4	6	7

176

6	8	9	1	2	5	7	3	4
5	4	7	6	9	3	8	2	1
2	1	3	4	8	7	5	9	6
8	7	1	9	3	2	4	6	5
9	2	5	7	4	6	1	8	3
3	6	4	8	5	1	9	7	2
1	9	8	2	6	4	3	5	7
4	3	6	5	7	8	2	1	9
7	5	2	3	1	9	6	4	8

Solutions

177

5	1	4	9	3	7	2	8	6
2	9	8	6	1	4	5	7	3
3	6	7	2	8	5	1	4	9
9	8	1	7	6	3	4	2	5
4	7	2	5	9	8	6	3	1
6	5	3	1	4	2	7	9	8
8	3	6	4	2	1	9	5	7
1	2	5	3	7	9	8	6	4
7	4	9	8	5	6	3	1	2

178

5	6	3	8	9	7	4	2	1
7	9	8	1	2	4	6	3	5
1	2	4	6	3	5	8	9	7
4	1	6	9	8	2	5	7	3
3	7	5	4	6	1	2	8	9
9	8	2	5	7	3	1	6	4
6	5	9	7	1	8	3	4	2
8	3	1	2	4	9	7	5	6
2	4	7	3	5	6	9	1	8

179

3	1	9	5	8	6	7	2	4
8	2	7	4	9	3	5	6	1
4	6	5	2	7	1	3	9	8
9	5	1	3	6	8	2	4	7
2	7	8	1	4	9	6	3	5
6	4	3	7	2	5	1	8	9
7	9	4	6	5	2	8	1	3
1	8	2	9	3	7	4	5	6
5	3	6	8	1	4	9	7	2

180

7	9	5	6	1	2	4	3	8
8	4	6	5	3	9	1	2	7
3	2	1	4	7	8	6	5	9
2	1	4	9	6	3	7	8	5
6	5	8	1	2	7	3	9	4
9	7	3	8	4	5	2	6	1
5	6	7	2	9	4	8	1	3
4	8	2	3	5	1	9	7	6
1	3	9	7	8	6	5	4	2

181

8	2	4	9	1	5	6	3	7
9	1	5	7	3	6	8	4	2
6	3	7	4	2	8	5	9	1
2	8	3	5	4	7	9	1	6
4	6	1	3	9	2	7	5	8
5	7	9	8	6	1	3	2	4
1	4	8	6	5	3	2	7	9
3	9	6	2	7	4	1	8	5
7	5	2	1	8	9	4	6	3

182

9	2	6	1	3	7	5	4	8
4	5	8	9	2	6	1	3	7
3	1	7	5	8	4	2	9	6
8	6	1	3	7	5	9	2	4
7	4	5	2	9	8	3	6	1
2	9	3	6	4	1	7	8	5
6	7	2	8	1	3	4	5	9
1	8	9	4	5	2	6	7	3
5	3	4	7	6	9	8	1	2

183

6	3	8	5	9	4	1	2	7
5	1	4	2	7	8	6	3	9
7	9	2	3	1	6	5	4	8
4	7	1	8	3	2	9	5	6
2	5	6	1	4	9	7	8	3
3	8	9	7	6	5	2	1	4
9	2	3	6	8	1	4	7	5
1	6	7	4	5	3	8	9	2
8	4	5	9	2	7	3	6	1

184

5	2	3	1	4	9	6	7	8
4	6	9	2	8	7	3	5	1
7	8	1	6	5	3	4	2	9
3	4	6	8	1	5	7	9	2
1	7	2	9	3	6	8	4	5
9	5	8	4	7	2	1	3	6
6	3	4	5	9	8	2	1	7
8	9	7	3	2	1	5	6	4
2	1	5	7	6	4	9	8	3

185

3	1	9	5	8	7	4	2	6
4	7	5	6	1	2	9	8	3
6	2	8	4	3	9	7	1	5
5	6	2	8	9	4	3	7	1
9	8	1	7	2	3	5	6	4
7	4	3	1	6	5	8	9	2
8	9	4	2	5	1	6	3	7
2	3	7	9	4	6	1	5	8
1	5	6	3	7	8	2	4	9

186

7	2	1	8	9	6	4	5	3
8	5	9	1	3	4	2	6	7
4	3	6	2	7	5	8	9	1
5	6	8	4	2	7	1	3	9
9	7	3	5	8	1	6	4	2
1	4	2	9	6	3	7	8	5
2	9	4	7	5	8	3	1	6
3	8	7	6	1	9	5	2	4
6	1	5	3	4	2	9	7	8

187

9	5	8	7	6	4	1	3	2
6	1	2	3	9	8	4	5	7
3	7	4	5	2	1	9	6	8
1	3	7	4	5	9	8	2	6
5	4	6	8	7	2	3	9	1
2	8	9	1	3	6	5	7	4
7	6	1	9	8	5	2	4	3
8	9	3	2	4	7	6	1	5
4	2	5	6	1	3	7	8	9

188

8	9	6	5	4	3	7	2	1
5	3	2	9	7	1	8	4	6
7	1	4	2	6	8	3	5	9
1	6	8	4	9	7	5	3	2
9	7	3	8	5	2	1	6	4
2	4	5	1	3	6	9	7	8
4	2	7	3	1	9	6	8	5
6	8	9	7	2	5	4	1	3
3	5	1	6	8	4	2	9	7

Solutions

189

7	6	4	3	8	1	9	5	2
1	2	8	9	5	4	6	7	3
9	5	3	7	6	2	8	1	4
2	9	5	1	3	6	7	4	8
6	4	1	8	9	7	3	2	5
8	3	7	2	4	5	1	9	6
5	1	9	6	2	3	4	8	7
4	7	6	5	1	8	2	3	9
3	8	2	4	7	9	5	6	1

190

8	5	1	2	7	3	9	4	6
3	7	9	1	4	6	5	2	8
6	2	4	9	8	5	7	1	3
1	4	6	8	9	7	3	5	2
5	8	3	4	6	2	1	9	7
2	9	7	5	3	1	8	6	4
7	1	8	6	5	4	2	3	9
9	6	2	3	1	8	4	7	5
4	3	5	7	2	9	6	8	1

191

7	6	4	2	9	8	3	1	5
5	2	3	7	1	6	4	8	9
8	1	9	5	4	3	7	2	6
1	4	6	9	3	5	8	7	2
3	7	5	6	8	2	9	4	1
2	9	8	1	7	4	6	5	3
9	3	7	4	2	1	5	6	8
4	5	1	8	6	9	2	3	7
6	8	2	3	5	7	1	9	4

192

8	9	1	3	5	2	4	7	6
3	6	4	7	9	8	1	2	5
7	5	2	1	6	4	9	3	8
1	4	6	5	8	3	7	9	2
2	3	7	6	1	9	5	8	4
9	8	5	2	4	7	3	6	1
6	7	3	4	2	1	8	5	9
5	1	9	8	7	6	2	4	3
4	2	8	9	3	5	6	1	7

Solutions

193

7	8	2	1	5	3	4	9	6
9	4	1	2	8	6	7	5	3
3	6	5	4	9	7	2	8	1
6	9	7	5	1	4	3	2	8
8	1	4	9	3	2	5	6	7
5	2	3	7	6	8	1	4	9
1	3	9	6	4	5	8	7	2
4	7	8	3	2	9	6	1	5
2	5	6	8	7	1	9	3	4

194

9	3	4	8	6	5	1	2	7
5	7	6	2	1	3	9	8	4
2	1	8	9	7	4	6	3	5
4	2	3	7	8	9	5	6	1
1	9	7	3	5	6	2	4	8
6	8	5	4	2	1	3	7	9
3	4	1	6	9	8	7	5	2
8	5	2	1	3	7	4	9	6
7	6	9	5	4	2	8	1	3

195

3	1	7	6	4	9	2	5	8
4	6	5	7	2	8	3	1	9
2	8	9	5	1	3	7	6	4
1	4	8	9	5	2	6	3	7
5	7	3	4	8	6	9	2	1
9	2	6	1	3	7	8	4	5
6	5	2	8	7	4	1	9	3
8	9	4	3	6	1	5	7	2
7	3	1	2	9	5	4	8	6

196

7	5	2	1	8	4	9	6	3
8	9	4	5	3	6	7	2	1
3	1	6	7	2	9	4	5	8
6	8	9	4	7	5	3	1	2
2	7	5	3	1	8	6	4	9
4	3	1	9	6	2	5	8	7
9	4	8	2	5	3	1	7	6
1	6	3	8	4	7	2	9	5
5	2	7	6	9	1	8	3	4

Solutions

197

1	6	9	3	2	8	4	7	5
8	3	7	6	5	4	2	9	1
5	2	4	7	9	1	3	8	6
2	9	1	4	8	6	5	3	7
4	5	3	2	7	9	6	1	8
7	8	6	5	1	3	9	4	2
6	1	8	9	3	2	7	5	4
3	7	2	1	4	5	8	6	9
9	4	5	8	6	7	1	2	3

198

5	6	9	4	7	3	8	1	2
8	7	4	1	2	5	9	6	3
3	1	2	8	9	6	5	4	7
4	3	1	5	8	9	7	2	6
6	5	8	2	4	7	3	9	1
2	9	7	3	6	1	4	8	5
1	2	5	9	3	4	6	7	8
7	4	3	6	1	8	2	5	9
9	8	6	7	5	2	1	3	4

199

7	1	8	4	5	9	6	3	2
3	9	5	6	2	7	1	8	4
4	6	2	8	1	3	9	7	5
2	7	9	5	8	4	3	6	1
8	3	6	2	7	1	4	5	9
1	5	4	3	9	6	8	2	7
6	4	1	7	3	2	5	9	8
9	8	7	1	6	5	2	4	3
5	2	3	9	4	8	7	1	6

200

9	3	8	1	5	6	2	7	4
2	7	1	8	9	4	3	5	6
5	4	6	7	3	2	9	1	8
3	2	7	6	4	8	5	9	1
1	9	4	5	2	3	6	8	7
8	6	5	9	1	7	4	2	3
6	5	9	4	8	1	7	3	2
7	8	2	3	6	5	1	4	9
4	1	3	2	7	9	8	6	5

Solutions